职业教育无人机应用技术专业活页式创新教材

无人机实操技术

主 编 高 桥 董 光 刘占波
参 编 李 昊 董兴函 杨长恒
　　　 张清瑞 冯长俊

机械工业出版社

本书主要介绍了无人机操控的训练方法、步骤以及训练中的安全注意事项，对飞行中可能遇到的问题及解决方法进行了探讨。书中首先对无人机飞行模拟器进行了介绍，讲解了飞行模拟器的安装和使用；然后分别对多旋翼无人机的训练方法及要点、固定翼无人机的飞行原理以及地面控制站的使用进行讲解，并对无人直升机的实飞训练进行了阐述。

编写本书的主要目的是提升无人机操控员的操控能力与技能。本书适用于高等职业教育无人机应用技术专业的在校学生、准备或正在参加无人机相关飞行培训的操控员以及爱好无人机飞行的其他人员。

图书在版编目（CIP）数据

无人机实操技术 / 高桥，董光，刘占波主编. — 北京：机械工业出版社，2024.4（2024.12重印）
职业教育无人机应用技术专业活页式创新教材
ISBN 978-7-111-75695-8

Ⅰ.①无… Ⅱ.①高… ②董… ③刘… Ⅲ.①无人驾驶飞机–职业教育–教材 Ⅳ.①V279

中国国家版本馆CIP数据核字（2024）第086134号

机械工业出版社（北京市百万庄大街22号　邮政编码100037）
策划编辑：谢　元　　　　责任编辑：谢　元
责任校对：潘　蕊　李小宝　封面设计：张　静
责任印制：郜　敏
中煤（北京）印务有限公司印刷
2024年12月第1版第2次印刷
184mm×260mm·9.25印张·144千字
标准书号：ISBN 978-7-111-75695-8
定价：49.90元

电话服务　　　　　　　　　　网络服务
客服电话：010-88361066　　　机　工　官　网：www.cmpbook.com
　　　　　010-88379833　　　机　工　官　博：weibo.com/cmp1952
　　　　　010-68326294　　　金　书　网：www.golden-book.com
封底无防伪标均为盗版　　　机工教育服务网：www.cmpedu.com

职业教育无人机应用技术专业活页式创新教材
编审委员会

主任委员　　昂海松（南京航空航天大学）

委　　员　　颜忠杰（山东步云航空科技有限公司）

　　　　　　　　王　铨（青岛工程职业学院）

　　　　　　　　姜宽舒（江苏农林职业技术学院）

　　　　　　　　李宏达（南京工业职业技术大学）

　　　　　　　　王靖超（山东冶金技师学院）

　　　　　　　　付　强（山东省艺术摄影学会副秘书长）

　　　　　　　　余洪伟（张家界航空工业职业技术学院）

　　　　　　　　杜凤顺（石家庄铁路运输学校）

　　　　　　　　葛　敏（菏泽学院）

　　　　　　　　韩　祎（山东步云航空科技有限公司）

前　言

随着无人机技术的迅速发展，社会各行各业对无人机操控员的需求逐年上升，无人机爱好者也越来越多。为了适应新时代无人机技术的发展，满足无人机操控技术教学的需要，指导无人机爱好者规范飞行动作、提高飞行技能，编者结合多年工作经验和教学工作需求，详细总结了各类无人机的训练方法与飞行动作，编写了这本无人机实操教材。

本书注重实用性，特别是针对刚接触无人机的人员，能够通过阅读本书逐步从一个"入行小白"成为飞行高手。从接触无人机开始，先是进入能力模块一模拟器飞行。这一部分以凤凰模拟器为例详细介绍了模拟器安装及训练科目，同时介绍了遥控器的使用及操作规范，可以让学员初步了解掌握各类无人机的基础飞行动作。能力模块二、三、四分别介绍了不同类型无人机的训练方法及行为规范。从多旋翼无人机到固定翼无人机再到无人直升机，由简至难，帮助学员逐步提高飞行技能。本书在介绍视距飞行的同时，加入三种地面控制站的使用讲解，能够满足超视距飞行教学。

本书由高桥、董光、刘占波主编，李昊、董兴函、杨长恒、张清瑞、冯长俊共同参与编写。在编写过程中，我们参考了国内外无人机相关文献资料及无人机驾驶员培训资料，在此表示真诚的谢意！

由于编者水平有限，加之时间仓促，书中有不妥之处，真诚欢迎读者批评指正。

编　者

2024 年 5 月

目 录

前言

能力模块一　模拟器飞行

学习任务 1　飞行模拟器的选择安装及调试　…003
- 知识点 1　模拟器介绍　…003
- 知识点 2　模拟器安装　…004
- 知识点 3　模拟器调试　…007
- 知识点 4　功能界面的使用　…020

学习任务 2　遥控器的介绍与使用　…023
- 知识点 1　遥控器介绍　…023
- 知识点 2　摇杆模式　…023
- 知识点 3　操纵方式　…025
- 知识点 4　操作规范　…026

学习任务 3　模拟飞行训练　…029
- 技能点 1　单通道悬停　…029
- 技能点 2　双通道悬停　…032
- 技能点 3　F3C 方框训练　…033
- 技能点 4　固定翼飞行训练　…034

能力模块二　多旋翼无人机飞行

学习任务 1　多旋翼无人机飞行安全与应急操作　…039
- 知识点 1　多旋翼无人机飞行安全　…039
- 知识点 2　多旋翼无人机飞行检查　…040
- 知识点 3　多旋翼无人机应急操作处理　…042
- 知识点 4　教练飞行模式　…043

学习任务 2　多旋翼无人机基础飞行　…044

　　技能点 1　起降训练　…044
　　技能点 2　悬停训练　…047
　　技能点 3　四边航线　…047
　　技能点 4　垂直三角航线　…048
　　技能点 5　360°自旋　…049
　　技能点 6　前进水平圆航线　…050
　　技能点 7　前进水平 8 字航线　…051

学习任务 3　多旋翼无人机进阶飞行　…054

　　技能点 1　机头向内水平圆航线　…054
　　技能点 2　机头向外水平圆航线　…054
　　技能点 3　后退水平 8 字航线　…055
　　技能点 4　水平圆自旋航线　…057
　　技能点 5　姿态模式水平 8 字航线　…058

学习任务 4　地面控制站飞行　…059

　　知识点 1　地面控制站软件安装　…059
　　知识点 2　地面控制站软件介绍　…059
　　知识点 3　无人机与地面控制站连接　…068
　　知识点 4　航线规划与上载　…069
　　知识点 5　应急处理　…071
　　知识点 6　地面控制站飞行　…072

能力模块三　固定翼无人机飞行

学习任务 1　固定翼无人机飞行检查　…077

　　知识点 1　飞行安全要求　…077
　　知识点 2　飞行检查　…078
　　知识点 3　应急操作处置　…079
　　知识点 4　着陆后检查　…080

学习任务 2　固定翼无人机基础飞行　　…081

技能点 1　带飞航线飞行　　…081

技能点 2　带飞低空通场　　…084

技能点 3　带飞起降训练　　…084

技能点 4　复飞　　…086

技能点 5　单飞航线训练　　…087

技能点 6　风中起降　　…087

学习任务 3　五边航线飞行　　…090

技能点 1　建立航线　　…090

技能点 2　着陆目测　　…091

技能点 3　着陆五阶段　　…093

学习任务 4　地面控制站飞行　　…097

知识点 1　Mission Planner 地面控制站安装与介绍　　…097

知识点 2　地面控制站连接与上载　　…109

知识点 3　地面控制站飞行与应急处置　　…111

能力模块四　无人直升机飞行

学习任务 1　无人直升机飞行安全与应急操作　　…115

知识点 1　无人直升机飞行安全　　…115

知识点 2　无人直升机飞行检查　　…116

知识点 3　无人直升机应急操作处置　　…118

学习任务 2　无人直升机基础飞行　　…121

技能点 1　起降练习　　…121

技能点 2　悬停练习　　…123

技能点 3　自旋练习　　…124

技能点 4　平飞练习　　…125

技能点 5　跃升练习　　…125

技能点 6　俯冲练习　　…126

学习任务 3　无人直升机进阶飞行　　　…127
技能点 1　圆形航线　　　…127
技能点 2　水平 8 字航线　　　…127

学习任务 4　无人直升机地面控制站飞行　　　…129
知识点 1　无距地面控制站安装及介绍　　　…129
知识点 2　无距地面控制站连接与航线规划　　　…132
知识点 3　无距地面控制站飞行与应急处置　　　…135

附录　课程评价表

附录 A　多旋翼无人机实操技术课程评价表　　　…137

附录 B　固定翼无人机实操技术课程评价表　　　…138

附录 C　无人直升机实操技术课程评价表　　　…139

参考文献

能力模块一
模拟器飞行

学习任务 1　飞行模拟器的选择安装及调试
学习任务 2　遥控器的介绍与使用
学习任务 3　模拟飞行训练

飞行模拟器，是用来模拟飞行器飞行的一种功能比较齐全的装置，能够复现飞行器状况及空中环境，提供丰富的感官体验和互动反馈，从而帮助使用者在沉浸式的练习中提升飞行技能。

无人机飞行模拟器，是基于先进的飞控技术，还原自然真实的飞行体验，用于无人机仿真操控训练的装置，主要包括软件和硬件两部分。模拟器练习是每个驾驶员在不断晋级的过程中不能绕过的一个阶段。模拟器训练虽然不能替代真机飞行，但是对于练习飞行有很多好处，可以解决实际飞行中的一些缺陷与不足。

能力目标

- 了解飞行模拟器的种类，掌握模拟器安装流程。
- 掌握遥控器的使用方法及注意事项。
- 掌握单通道、双通道、全通道飞行技能。
- 能够熟练掌握各类无人机的模拟飞行。

素养目标

- 能够运用所学知识，对模拟器进行安装并知晓其功能，培养动手能力。
- 加强训练中的注意力训练，培养全神贯注的专注精神。
- 培养良好的行为习惯，提高应对不同场景的判断能力和应急处置能力。

能力模块一　模拟器飞行

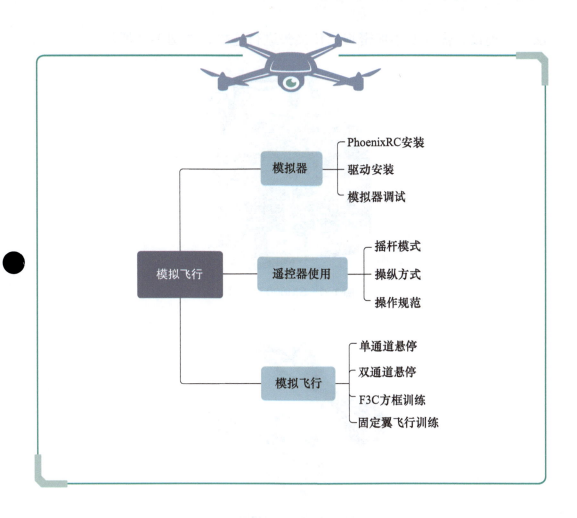

学习任务 1　飞行模拟器的选择安装及调试

知识点 1　模拟器介绍

目前，无人机模拟器使用的软件主要有：凤凰模拟器（PhoenixRC）、FPVFreeRider、LIFTOFF穿越机、DCL、DRL、REALFLIGHT（G7/G7.5）、XTF、FMS、Aerofly等。目前，职业院校及无人机执照培训单位主要使用PhoenixRC进行模拟飞行训练。

无人机模拟器硬件主要包括遥控器、连接线等部件。以 PhoenixRC 软件为例，它支持SM600遥控器（可直接插入计算机USB口使用），如图1-1所示。它也支持FUTABA、JR、天地飞、富斯、乐迪等品牌遥控器，但无法直接连接，需要使用加密狗及转接头进行连接，如图1-2所示。

图1-1　SM600遥控器

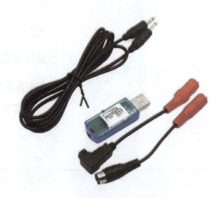

图1-2　加密狗及转接头

知识点2　模拟器安装

1. 计算机配置要求

凤凰模拟器支持Windows XP及以上系统，对计算机配置无特殊要求，但必须注意计算机内存是否够用，尽量将软件安装在C盘以外的硬盘内，不影响计算机正常运行。

2. 软件安装

下面以凤凰模拟器（PhoenixRC）为例，介绍模拟器的安装程序，具体安装流程如下。

模拟器安装流程	
（1）选择要安装的模拟器软件文件夹	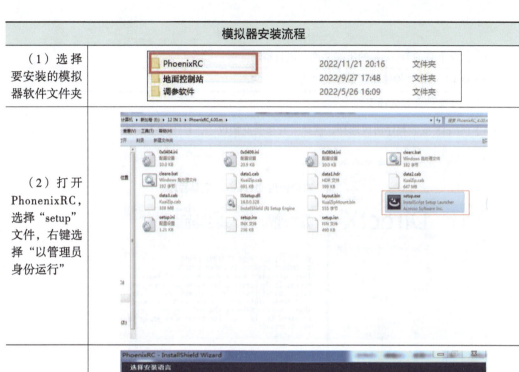
（2）打开PhonenixRC，选择"setup"文件，右键选择"以管理员身份运行"	
（3）运行"setup"后，进入选择安装语言界面，选择"中文（简体）"，单击"下一步"，继续安装	
（4）单击"下一步"，出现"许可证协议"页面，接受协议许可条款并单击"下一步"	
（5）进入客户信息界面，输入用户名及公司名称，客户信息处不做明确要求，单击"下一步"	
（6）进入安装类型页面，勾选"完全安装"，单击"下一步"	
（7）选择安装类型后，进入安装程序，单击"安装"，运行安装程序	
（8）等待安装，安装完成后，单击"完成"	

3. 驱动安装

DirectX 是一个图形加速器，是 PhoenixRC 模拟器能够正常运行所不可缺少的驱动软件，它的安装流程如下。

DirectX 安装流程
（1）打开下载的 DirectX 的压缩文件，进行解压
（2）将 DirectX 文件解压到指定文件夹
（3）打开文件夹并选择安装
（4）DirectX 安装程序协议选择，选择"我接受此协议"，单击"下一步"

（5）接受安装程序协议后，单击"下一步"，启动 DirectX 安装程序
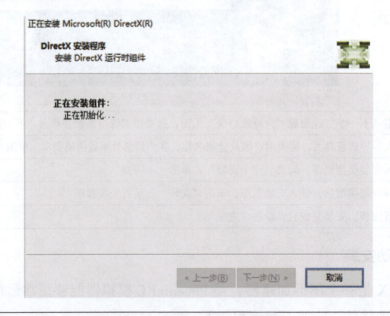
（6）DirectX 程序安装完成后，单击"完成"，程序安装完毕

知识点3　模拟器调试

1. 软件初始设置

软件初始设置流程如下。

软件初始设置流程	
（1）打开模拟器PhoenixRC，进入软件初始化界面。一般为默认程序。直接跳过即可	
（2）如果进入程序非中国语言，需进入程序设置 单击菜单栏第一个选项，找到"设置"，单击打开	
（3）单击最后一个选项卡，在语言选项里找到Chinese_GB，单击并确认，重启软件即可完成语言设置	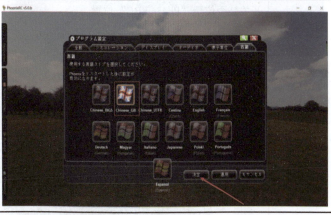

2. 连接模拟器

PhoenixRC 可支持多种遥控器连接，这里使用 SM600 遥控器与 PhoenixRC 连接。连接模拟器流程如下。

连接模拟器流程	
（1）将 SM600 的拨码开关拨到"PhoenixRC"档位	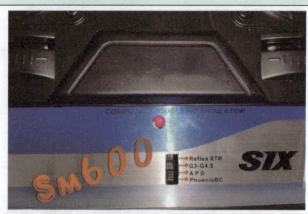
（2）遥控器接入 PC 端，连接模拟软件	
（3）检查遥控器是否连接。若未出现弹窗提示，可正常使用，然后进入下一步遥控器的配置	模拟器在连接正常的情况下，如果显示器显示"USB 加密狗没有连接"，检查遥控器的 USB 接口是否完好，遥控器的开关是否已打开。同时检查档位开关是否位于"PhoenixRC"位置 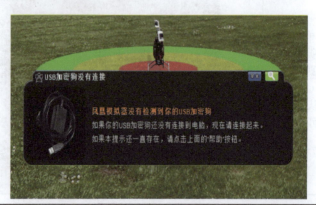

3. 遥控器的配置

配置新遥控器流程如下。

配置新遥控器流程	
（1）PhoenixRC 与 SM600 连接后，单击"系统设置"，选择"配置新遥控器"进行遥控器配置	
（2）进入"设置新遥控器"向导页面，单击"下一步"，根据提示完成后面步骤	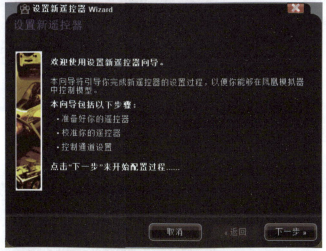
（3）根据提示完成遥控器的准备工作。完成后单击"下一步"，进入"校准遥控器 Wizard"界面	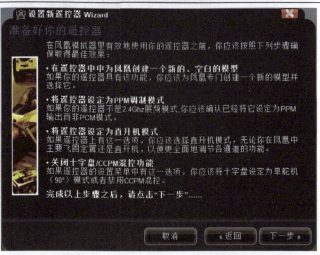

4. 校准遥控器

校准遥控器流程如下。

校准遥控器流程	
（1）进入"校准遥控器"程序，按系统提示单击"下一步"，开始校准遥控器	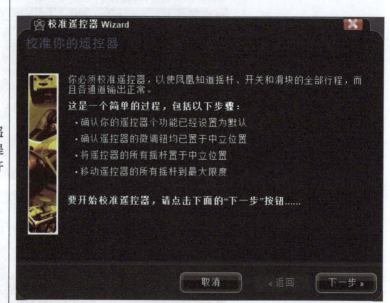
（2）确认遥控器各功能已经设置为默认位置，单击"下一步"	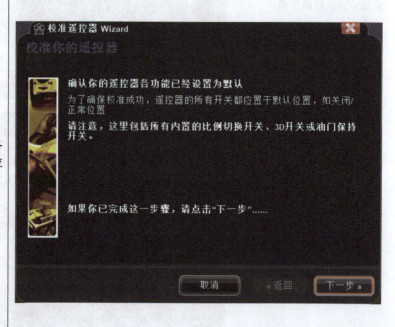

（续）

校准遥控器流程

（3）根据提示将所有摇杆置于中立位置，单击"下一步"

（4）移动所有摇杆到最大限度。分别缓慢、完整地操控遥控器的摇杆顺时针画圆，并确保摇杆触及四个角，确保所有摇杆到最大限度，观察遥控器摇杆校准是否准确。然后点击"下一步"。如训练的是固定翼无人机，请设置起落架收放开关，若没有，可以选择跳过，单击"下一步"继续校准

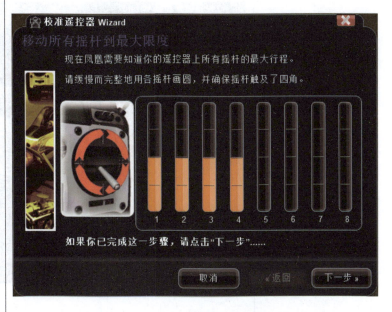

（续）

校准遥控器流程	
（5）检查校准效果。如果发现校准失败，则需重新校准。如果校准成功，单击"完成"	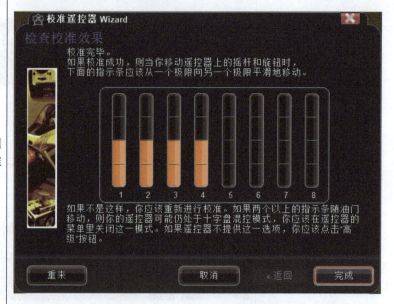
（6）校准效果检查完毕，出现如右图所示界面，单击"下一步"，进入"控制通道设置Wizard"界面	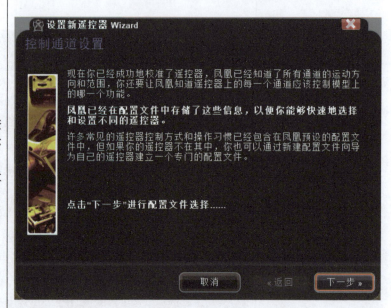

（续）

校准遥控器流程
（7）进入"控制通道设置Wizard"界面后，出现如右图所示界面，选择与使用的遥控器控制方式和操作习惯最为接近的一个，单击"下一步"；如果没有则不用选择，直接点击"下一步"，进入"创建新的配置文件Wizard"界面 

5. 创建新的配置文件

创建配置文件流程如下。

创建配置文件流程
（1）出现"创建一个配置文件"界面，单击"下一步"，进入"选择配置文件名称" 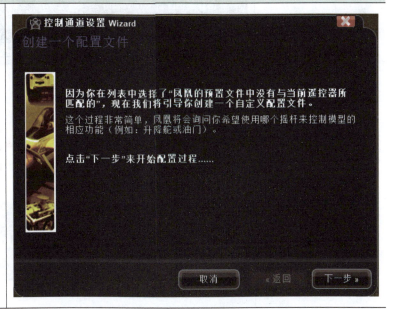

（续）

创建配置文件流程	
（2）在此界面可以根据自己的操控方式及操作习惯输入新配置文件的名称，勾选"快速设置"，单击"下一步"，进入"所有摇杆置于中位"界面	
（3）进入"所有摇杆置于中位"界面，将操作杆、微调等放置中立位置，检查位置后单击"下一步"	

（续）

创建配置文件流程	
（4）进入"引擎控制"界面，指示条显示为"channel 3"，根据提示将油门的操作杆向上推至顶位，指示条满格后拉至中位，检查指示条是否位于中间位置，如若偏移，单击"重试"。指示条满格且遥控器回中后指示条居于中位，表示完成设置。单击"下一步"，继续校准	
（5）进入"桨距控制"界面，指示条显示为"channel 3"。这里指的是无人直升机桨距设置。同样根据提示将油门的操作杆向上推至顶位，指示条满格后拉至中位，检查指示条是否位于中间位置，如若偏移，单击"重试"。指示条满格且遥控器回中后指示条居于中位，表示完成设置。单击"下一步"，继续校准。若为固定翼桨式，则跳过桨距设置，直接进入下一步	

（续）

创建配置文件流程
（6）进入"方向舵控制"界面，指示条显示为"channel 4"。将方向舵操作杆向右打到顶位，指示条滑至最右侧，则表示设置成功，操作杆回中，单击"下一步" 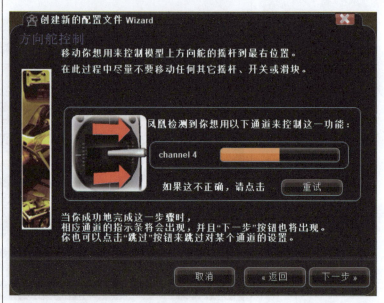
（7）进入"升降舵控制"界面，指示条显示为"channel 2"。将升降舵的操作杆推至最高位置，指示条滑至最左侧，则表示设置成功，操作杆回中，单击"下一步" 

（续）

创建配置文件流程

（8）进入"副翼舵控制"界面，指示条显示为"channel 1"。将副翼舵的操作杆向右打到顶位，指示条滑至最右侧，则表示设置成功，操作杆回中，单击"下一步"

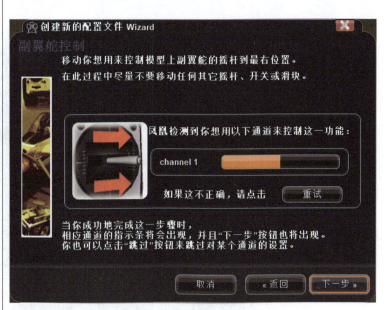

（9）进入"收放起落架"界面，此界面为固定翼及多旋翼可收放式起落架功能设置，可以拨动想用来控制这一功能的拨杆开关、旋钮开关或滑块。设置成功后则弹出"skip"，单击"skip"进入下一步设置。若没有此功能，则直接跳过

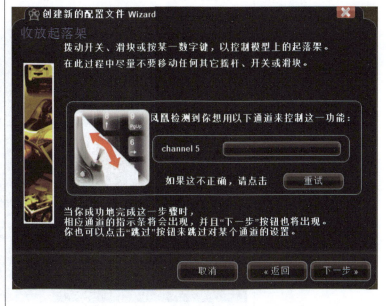

（续）

创建配置文件流程

（10）进入"襟翼控制"界面，在此界面可设置固定翼的襟翼控制，可以拨动想用来控制这一功能的拨杆开关、旋钮开关或滑块。设置成功后则弹出"skip"，单击"skip"进入下一步设置。若没有此功能，则直接跳过

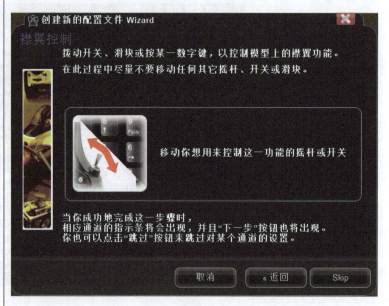

（11）进入"设置完毕"界面，完成模拟器与遥控器协同工作的各项设置，单击"完成"

（续）

创建配置文件流程	
（12）进入"完毕"界面，表示已经成功完成了凤凰模拟器与新遥控器协同工作的各项设置，单击"完成"，关闭本向导，退出遥控器配置	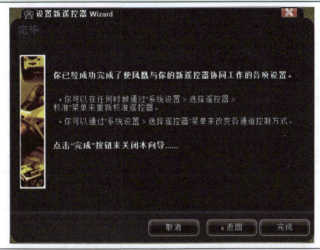
（13）控制通道高级设置。设置完成后也可以在"控制通道设置"里，进行更加详细的通道分配设置。依次单击"系统设置""控制通道设置"，选择已配置完成的遥控器，单击右侧"编辑配置文件"，进入通道分配页面	 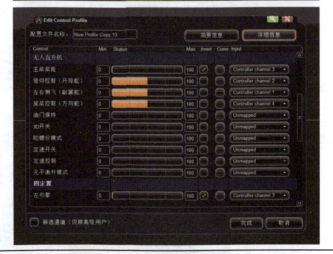

知识点 4　功能界面的使用

1. 机型选择

PhoenixRC 模拟器提供的机型有固定翼无人机、无人直升机、多旋翼无人机。同种飞行平台下也有各式各样的机型，例如固定翼无人机里有：油动固定翼、电动固定翼、两栖式固定翼、表演固定翼、教练机等。在进行模拟器训练时可根据训练任务自由选择机型。为了提高练习的质量，推荐几款机型作为模拟机，具体如下。

模拟器机型选择	
	机型位置：选择模型→更换模型→Helicopters→Electric→Align T-Rex 700E 3G
（1）无人直升机：选择无人直升机 Align T-Rex 700E 3G。这一款机型较其他机型练习难度稍大，此机型更接近于真实环境下的纯手动飞行模式	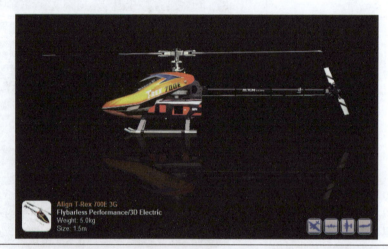
	机型位置：选择模型→更换模型→Multi-rotors→Electric→DJI Phantom
（2）多旋翼无人机：选择多旋翼 DJI Phantom。这一款机型最接近真实环境下的操控模式及无人机运动方向	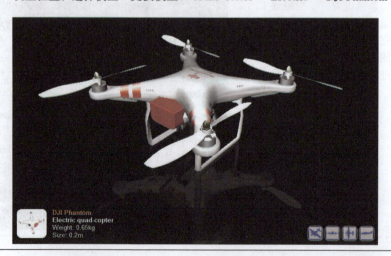

（续）

模拟器机型选择
机型位置：选择模型→更换模型→ Airplanes → Desert Aircraft Extra 

（3）固定翼无人机：选择固定翼 Desert Aircraft Extra 这一款机型是固定翼模拟里的基础机型，能够帮助训练者较快掌握固定翼的飞行技能

2. 场地选择

旋翼类无人机场地选用的是 2D 地图，在 F3C 方框内训练，如图 1-3 所示。

图 1-3　场地选择

1）单击选择场地→更换场地，找到 2D 地图并应用。

2）单击选择场地→场地布局→F3C 方框，单击使用。

固定翼无人机可选用 3D 大地图进行练习。单击选择场地→更换场地，

选择一个3D地图即可。也可以使用2D地图。

单通道悬停练习在训练模式下选择悬停训练。

3. 显示设置

PhoenixRC模拟器可以开启屏幕显示，显示飞行的各种信息，如图1-4所示。单击菜单栏里的"查看信息"→"屏幕显示"，可根据自己的需求设置。

图1-4 屏幕显示设置

在进行多旋翼无人机F3C方框练习时，需要开启的屏幕显示有模拟速度、遥控器、飞行姿态、飞行信息等基础信息。

在固定翼无人机飞行时一般开启模拟速度、遥控器、飞行信息、飞行姿态、航向表等。同时根据训练任务的不同设置不同的摄像机视角模式。

学习任务 2　遥控器的介绍与使用

知识点 1　遥控器介绍

无人机遥控器，是驾驶员操控无人机的工具。遥控器是一种控制装置，用于将手动操纵信号转换成无线电信号，发射给受控设备，操纵受控设备按照驾驶员手动意图进行运动，也被称为 RC 遥控。它主要用于视距内驾驶员对无人机的手控操纵。

随着无人机技术的快速发展，遥控器也进行了相应的改进，由最初的 6 通道，发展到现在的 16 通道、18 通道。根据飞行器任务、性质的不同，遥控器通道的使用也就各不相同。但无论怎么变动，遥控器的主通道依旧是：副翼、升降、油门和方向，其他通道为辅助操纵杆。

知识点 2　摇杆模式

在遥控器使用方面有"美国手""日本手""中国手"等不同的操控方式。目前的三种操控方式使用最多的是"美国手"，新手可以在尝试各种操控方式后，根据自己的手感来决定操控方式。

1. 主操纵杆介绍

主操纵杆（摇杆）具体介绍见下。

遥控器主操纵杆（摇杆）介绍	
（1）副翼：用 AIL 表示 作用：控制多旋翼无人机左飞、右飞，控制固定翼无人机横滚运动	
 美国手	 日本手

（续）

遥控器主操纵杆（摇杆）介绍
（2）升降舵：用 ELE 表示 作用：控制多旋翼无人机前飞、后飞，控制固定翼无人机俯仰运动
  　　　美国手　　　　　　　　　　　　日本手
（3）油门：用 THR 表示 作用：控制多旋翼无人机上升、下降，控制固定翼无人机引擎
  　　　美国手　　　　　　　　　　　　日本手
（4）方向：用 RUD 表示 作用：控制方向，使飞行器偏航运动
  　　　美国手　　　　　　　　　　　　日本手
美国手和日本手的区别： 　美国手是左手上下控制油门，右手上下控制升降。而日本手的油门与升降位置互换，左手上下控制升降，右手上下控制油门。美国手是多旋翼无人机常见的操控方式，也是现在驾驶员使用较多的操控方式。日本手主要是航模爱好者与固定翼无人机驾驶员的操控方式

2. 辅助操纵杆介绍

除主操纵杆外，遥控器上面还有其他辅助通道。如图 1-5 所示，这些通道以多种形式存在，如二段拨杆开关、三段拨杆开关、旋钮、按键等，可以根据不同的任务需要，自定义操纵杆功能。

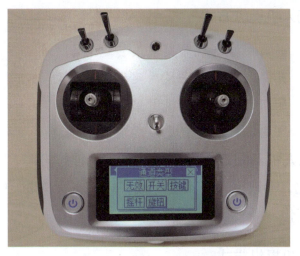

图 1-5　富斯 i6S 通道设置

无论是大疆遥控器，还是 FUTABA、乐迪等遥控器，它们都会带有三档拨杆，此开关的功能是转换飞行模式。一般设置在侧方位置，也可以自己选择其他三档开关进行通道设置。

在刚开始进行无人机实操飞行时，需要由教练带飞，遥控器上需要选择一个两档拨杆作为主副控制权切换杆。

其他拨杆和旋钮开关的功能可以根据自己的需求自定义功能。

知识点 3　操纵方式

无人机在空间飞行时，存在六个自由度，分别是：俯仰、横滚（滚转）、偏航、前飞后飞、左飞右飞、上升下降。通过使用不同操纵杆可以实现不同飞行状态。多旋翼无人机、无人直升机和固定翼无人机的飞行控制不同。

1. 多旋翼无人机操纵方式

副翼　控制无人机左飞右飞

升降　控制无人机前飞后飞

油门　控制无人机上升下降

方向　控制无人机偏航运动

多旋翼无人机是通过改变螺旋桨转速来改变飞行状态的，其升力由螺旋桨转速提供，在 GPS 模式下无法完成横滚运动，小体积穿越机可以完成。

2. 固定翼无人机操纵方式

副翼　控制机翼实现滚转运动
升降　控制水平尾翼实现俯仰运动
油门　控制无人机引擎
方向　控制垂直尾翼实现偏航运动

与多旋翼无人机不同，在固定翼无人机中推拉升降，无人机会有明显的俯仰状态变化，会改变飞行高度。而在多旋翼无人机中推拉升降，无人机无明显高度变化。

3. 无人直升机操纵方式

副翼　控制左右侧飞
升降　控制俯仰运动
油门　控制主桨桨距（也称总距杆）
方向　控制尾桨（方向）

无人直升机的飞行难度是所有构型平台中最高的，危险系数高、训练要求高。

知识点 4　操作规范

第一种：按杆

将拇指放在主操纵杆上，食指放在遥控器前面按钮处，中指、无名指和小指放在遥控器下端握持遥控器，如图 1-6 所示。

图 1-6　按杆

第二种：按+扶

双手水平手持遥控器，将拇指的指肚放在主操纵杆上，食指指肚侧按在操纵杆上，中指放在辅助功能开关处，通过拇指带动操控摇杆移动，如图1-7所示。

图1-7　按+扶

第三种：捏杆

双手水平手持遥控器，拇指的指肚按压在操纵杆上，食指指肚侧按在操纵杆上，利用食指缓冲拇指带动操纵杆的运动，配合拇指给出相应的打杆，如图1-8所示。

图1-8　捏杆

打杆过程中，拇指指肚在摇杆正上方，不能用指尖去点杆，操作过程中手指全程不能离杆。压杆不能太紧，容易错失感度。也不能过松，容易滑杆。手指自然放于杆上,靠指纹与摇杆的自然摩擦来操作模拟器。

手持遥控器的注意事项:

1)手持遥控器要保证无操控盲区。

2)在飞行过程中禁止手离操纵杆和弹杆。

3)打杆反应要稳准,且快慢自如。

4)空闲手指放在常用拨杆开关处。

5)在练习模拟器时,双手悬空持遥控器,请勿将遥控器放在桌子上,也请勿将手臂靠在桌子上,为外场飞行养成良好的习惯。

学习任务 3　模拟飞行训练

▶ 技能点 1　单通道悬停

单通道悬停：操纵遥控器的某一个通道，将模拟机悬停在一定范围内。练习单通道悬停是为了让初学者尽快掌握遥控器的打杆行程量，以及熟悉无人机机头在指向各个角度，操纵不同通道时无人机的运动方向。

首先，选择需要练习的机型，此处为多旋翼无人机 DJI Phantom 或无人直升机 Align T-Rex 700E 3G，进入训练模式，选择悬停练习，如图 1-9 所示。如果是选择无人直升机 Align T-Rex 700E 3G，则将模拟速度改为 80%。

图 1-9　悬停练习

1. 副翼单通道悬停

首先选择对尾训练，单击屏幕下方的设置，选择仅副翼，方向选择后面，如图 1-10 所示，根据训练进度切换其他方向。

图 1-10　单通道——副翼训练

动作要求：

操控副翼摇杆控制无人机在屏幕正中间位置，使无人机处于悬停状态，机身倾斜角度控制在 −10°~10° 之间，不能出现左右摇摆情况

依次进行对左、对头、对右悬停训练

操控要点

（1）对尾悬停

无人机处于对尾悬停姿态时，无人机向左运动，应向右修正副翼；无人机向右运动时则相反。在修舵过程中需注意行程量的多少，应控制在遥控器刻度的 1 小格之间。当无人机向左运动，修正副翼向右的舵量偏大时，应及时回正或稍抵左舵进行修正。

（2）对左悬停

无人机处于对左悬停姿态时，无人机远离自己时，应向左修正副翼；无人机靠近自己时，应向右修正副翼。由于变换机头方向，拨动副翼修正方向时，机身反馈出的运动模式也发生变化，即机头朝左时操控副翼，无人机会在操控者的前方前后飞行。

（3）对头悬停

无人机处于对头悬停姿态时，无人机向左运动，应向左修正副翼；无人机向右运动时则相反。在对头模式下，向左操纵副翼，无人机会向右运动，与对尾模式操纵方向相反。对头悬停是模拟训练中的难点，能够培养方向感，熟悉无人机在空中的运动姿态。

（4）对右悬停

无人机处于对右悬停姿态时，此时的无人机不再是左右运动，而是变换成前后方向的运动，无人机远离自己时，应向右修正副翼；无人机靠近自己时，应向左修正副翼。

2. 升降单通道悬停

单击屏幕下方的设置，选择仅升降舵，方向选择后面，根据训练进度切换其他方向。

动作要求：
操控升降摇杆，控制无人机在屏幕正中间位置，使无人机处于悬停状态，机身倾斜角度控制在 –10°~10° 之间，不能出现前后摇摆情况

依次进行对左、对头、对右悬停训练

● 操控要点

在对尾模式下，操纵升降舵向前推杆，无人机将远离自己，向后拉杆，无人机将靠近自己。对头模式与之相反。

在对左模式下，操纵升降舵向前推杆，无人机将向左运动，向后拉杆，无人机则向右运动。对右模式与之相反。

悬停训练培养驾驶员对无人机姿态的判断和摇杆舵量的控制，是驾驶员入门的基础训练科目。

对于初学者来说，在实际飞行中经常出现因方向变化而不敢继续做出打杆动作的现象，这是缺乏空间方向感的表现，可以通过模拟器四面悬停来培养空间方向感，这也是最经济有效的一种方法。

▶ **技能点 2　双通道悬停**

在熟练掌握单通道悬停训练后，进入双通道悬停，双通道悬停训练是升降舵与副翼之间的相互配合，培养驾驶员的反应能力。

菜单栏下进入训练模式，选择"升降舵＋副翼"，先练习对尾模式，通过操纵升降舵和副翼，进行不同通道之间的连续压杆练习，控制飞机稳定在一定范围内。

根据训练进度切换其他方向。

动作要求：
　判断无人机的飞行姿态，根据飞行姿态做出打杆判断并进行打杆修正，将无人机控制在屏幕前方悬停
　依次进行对左、对头、对右悬停训练

▼ **操控要点**

观察无人机姿态，判断无人机的运动方向，此时无人机的运动方向并不是水平的，而是倾斜的，这时需要细心观察，快速判断无人机向哪一侧运动速度快，先进行这一侧的修正。

例如：在对尾模式下，无人机向右前方偏右飞行时，先向左修正副翼，然后再向后拉杆。

在修正过程中不可避免地出现修正过多导致无人机向反方向运动时，应注意修舵过程中及时回舵或向反方向修舵。

在进行双通道练习时需要注意的是少打斜杆，即向斜方向压杆，当出现向斜方向压杆时，无人机会运动得更快，不利于悬停。

技能点 3　F3C 方框训练

1.F3C 方框悬停

F3C 方框（图 1-11）悬停是在双通道的基础上结合油门和方向一起练习的模式，在熟练掌握双通道悬停训练后，退出悬停训练，选择 2D 地图，菜单栏选择场地→场地布局→F3C 方框，机型建议选择无人直升机 Align T-Rex 700E 3G。可以在屏幕显示设置里选择模拟速度、飞行信息等进行辅助练习。

图 1-11　F3C 方框

动作要求：

垂直上升至 1m 高度，在圆圈区域内悬停至少 30s，四位悬停，垂直下降。无论机头指向何方，都能够悬停在圆形区域正上方，且高度无明显变化

操控要点

操控遥控器油门杆起飞，查看飞行器当前状态高度是否可以完成悬停动作，高度保持在 0.5~1.5m 之间。

飞行器起飞后，产生前飘动作，右手操纵升降后拉杆，使飞行器飞至中心圆圈位置，给一个前顶杆的微量去抵消向后飘移的动作。将飞行器先控制在白色框区域，练习熟练后继续加强练习，下一步停在绿色区域，最后停在红色区域。

在进行悬停方位转换时，需要注意控制姿态，避免产生较大的位移。

悬停过程中让飞行器的脚架保持在中心圆的正上方，如有偏差及时修正到位。高度不能持续性升高或降低，也不可以突然掉高度或升高度，应及时调整高度修正飞行器当前位置。

2.F3C 方框自旋练习

自旋，将悬停训练中转换方向的 1/4 弧连成完整的圆即为自旋。

动作要求：
垂直上升至 1m 高度悬停，在圆圈区域内自旋，垂直下降。无论机头指向何方，都能够悬停在圆形区域正上方，且高度无明显变化

操控要点

控制方向摇杆进行单方向自旋，自旋过程中方向杆全程不能停，油门、升降、副翼通道相互配合，保证飞行器处于平稳状态。反复练习，加强方向与各个通道的配合，使飞行器能够在 F3C 方框内 10~30s 内完成自旋。

技能点 4　固定翼飞行训练

固定翼飞行器成本高，操纵难度系数大，模拟器训练是固定翼的主要训练方式。在熟练掌握固定翼模拟飞行后，才能够进行实操带飞。固定翼模拟器训练主要科目有：地面滑行、起飞、低空通场、降落、五边航线，具体如下所示。

动作名称	图示	动作要求
地面滑行		将油门杆推过中位，使无人机向前移动，这时不要动其他杆，可以操控方向舵调整无人机前进的方向
起飞/爬升		地面滑行一段距离后，加油门，拉升降舵并保持，使无人机机头上仰。注意上仰角度，在过程中不要动其他舵
平飞		在空中保持水平飞行，注意高度变化
水平转弯		稍加油门的同时，向转弯方向压杆，根据固定翼的倾斜方向向反方向压副翼，同时稍向后拉杆，保持无人机水平转弯

（续）

动作名称	图示	动作要求
降落		在模拟器上进行降落训练，主要练习平稳降落，需控制下降高度、速度和俯仰角

五边航线：即起落航线，融合了地面滑行、起飞、爬升、平飞、转弯、下降等动作，无人机起飞后，待无人机爬升至安全高度，开始转平飞，接下来进行五边航线飞行。从起飞点开始，操纵遥控器使无人机飞一个矩形，并在起飞点完成降落，如图1-12所示。五边航线的难点在于着陆阶段，需要根据着陆目测及时修正自己的操控杆。

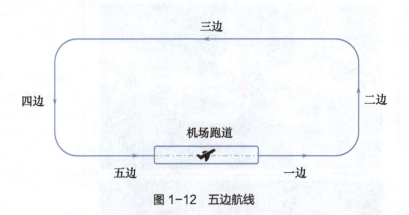

图1-12 五边航线

能力模块二
多旋翼无人机飞行

学习任务 1　多旋翼无人机飞行安全与应急操作

学习任务 2　多旋翼无人机基础飞行

学习任务 3　多旋翼无人机进阶飞行

学习任务 4　地面控制站飞行

多旋翼无人机是通过旋翼的旋转使无人机升空，通过调整不同旋翼之间的相对转速来调节拉力和转矩，控制飞行器悬停旋转或航线飞行。多轴飞行器因其体积小，重量轻，成本低，结构简单，飞行稳定，操作灵活，携带方便，现广泛应用于电影取景、实时监控、地形勘探、应急救援、农业植保、水电巡检等方面。

能力目标

- 了解多旋翼无人机飞行安全要求，掌握起飞前、飞行中、降落后的各项检查任务，判断并处置无人机在飞行过程中出现的特情。
- 掌握多旋翼无人机起降、悬停、自旋、四边航线、水平圆航线飞行、水平8字飞行要领，熟悉水平8字各位置的机头朝向。
- 掌握多旋翼无人机"刷锅"动作，掌握多旋翼无人机水平8字航线的正飞、倒飞技能。
- 了解地面控制站基本功能，掌握多旋翼地面控制站使用方法。

素养目标

- 培养在紧急情况下保持思维清晰，冷静处理突发问题的能力。
- 提升专业技能水平，培养全神贯注的习惯。
- 锻炼获取信息并利用信息的能力，培养分析和解决问题的能力。

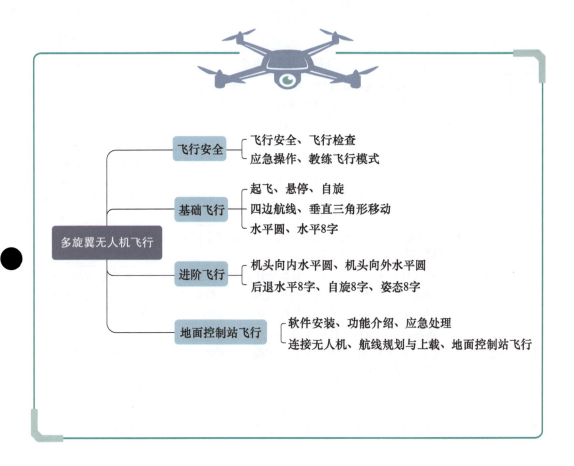

学习任务1　多旋翼无人机飞行安全与应急操作

知识点1　多旋翼无人机飞行安全

作为无人机系统的操控员，必须了解并熟练掌握无人机的正常飞行程序和技术，飞行前对场地环境进行勘察，判断是否满足起飞条件，以保证系统的安全运行。无人机飞行安全的注意事项如下所述。

飞行安全注意事项
（1）在室外进行多旋翼无人机飞行时，要注意飞行对气象的要求。多旋翼无人机尽量在晴天、无大风情况下起飞。5级风以上，中大型多旋翼无人机不可盲目起飞。4级风以上，小型多旋翼无人机不可盲目起飞。大风（风力大于8级）、雷暴等恶劣天气时禁止飞行。多旋翼无人机飞行如遇到4级风，无人机操控员应注意飞行安全。除风力外，也要考虑降水、能见度等气象条件对飞行的影响

(续)

飞行安全注意事项
（2）在选择飞行空域时，应该在规定的空域飞行，选择具有合法空域的起降场地。需要时要通过无人机云系统申请作业及确定航线，避开限制区。禁止在机场、监狱、政府机关、高铁线路等禁飞区飞行，在限高区飞行时应时刻注意飞行高度。如果需要执行特殊任务或申请空域，应按照相关要求向民航局提出申请
（3）飞行应该选择空阔的场地进行，远离人员密集区，起飞前提醒周边人群远离。尽量选择郊区野外，周围无交通要道、居住地、公众活动场所等，坚决避开高压线、信号塔、雷达站等地域。如若在飞行过程中，无人机出现故障需要降落，请选择空阔场地降落。如若无人机下方有人，请推油门使无人机上升，即使"炸机"也要保证人员安全
（4）无人机起降位置应选择视野开阔、地面平坦区域。起降点周围以草坪或者松散土为主，避开湖泊、河流、积水区域、高大树林、线路等
（5）多旋翼无人机尽量在独立空域飞行，避免与其他飞行器间相互干扰。操控员应处于地面平坦位置，便于小幅度移动。无关人员应远离地面操控区域，防止对操作进行干扰。迫降或失控返航时，要注意避开人群，尽量选择空旷地、草地、农田以及不高于2m的灌木丛
（6）多旋翼无人机操控员在执行飞行任务前，仔细检查无人机设备，排查无人机设备存在的隐患，做到无隐患起飞，如果出现问题且未能检查排除，必须禁止起飞。起飞过程或起飞后发现异常，应立即终止起飞或立即降落
（7）多旋翼无人机操控员在飞行时要有良好的手感，禁止酒后飞行。身体不适时禁止飞行。在执行飞行任务时可能遇到以下情况，机长或驾驶员应注意在安全飞行的前提下及时处理。气象条件、空域环境、场地环境、设备状态、操控员状态如有一项未达到要求，应该放弃飞行计划
（8）特情处置 **丢失图传信号** 丢失图传信号时，必须马上停下一切操作，冷静思考，因为此时多旋翼无人机会自动悬停，不会引发事故，而错误的操作才是事故的根源。此时可采取以下任一操作 1）马上开启自动返航 2）在空中寻找多旋翼的踪迹，并目视飞回 3）若目视无法找到无人机的踪迹，则回忆最后的机头朝向，根据印象飞回 4）开启智能飞行中的"返航点锁定"模式，直接向后拨杆飞回 **撞上障碍物** 1）远离障碍物飞行 2）视情况可提前为无人机安装防撞环 **避免射桨** 1）飞行前检查螺旋桨和电动机的螺钉有无滑扣现象，并且螺旋桨表面有无损坏或裂纹 2）起飞前适度旋紧螺旋桨（太用力可能损坏紧固件）

知识点2 多旋翼无人机飞行检查

在执行飞行任务之前，多旋翼无人机操控员需要对设备进行仔细检查，确保无问题后方可起飞，避免造成设备损坏及财产损失。具体检查方法如下所述。

1. 设备检查
（1）首先要对设备进行晃动，查看是否有异响，确认金属连接位置是否咬合，可以握住相邻两个臂掰动，以检查是否有松动

（2）检查 GPS 是否立起固定，各发射天线是否摆正位置

（3）检查电动机和桨叶是否紧固，桨叶安装是否正确，桨面是否平稳，可以通电解锁，在电动机怠速的情况下查看转向是否正常

（4）检查电池是否固定完好，云台和相机的连接是否正常

2. 遥控器检查
（1）打开遥控器检查无人机选择及发射模式是否正确，确认摇杆模式（美国手或日本手）

（2）检查遥控器的拨杆是否在正常档位，尤其是模式开关，检查遥控器天线是否横置

（3）遥控器电量是否充足，发射指示灯是否常亮

3. 电池检查
（1）检查电池电量，可以在电池的平衡头位置插一个电显（BB 响）实时检查电压，起飞前的电池单电芯电压应大于 4.0V，否则需要更换电池

（2）检查电池是否有损坏、漏液等情况

（3）检查电池正负极接头是否有脱落或露线等情况，平衡头接线是否有断触和漏线，以保证电池的正常使用

4. 通电检查
（1）查看遥控发射机与接收机是否正常通信，可通过查看接收机信号灯来辨别

（2）查看飞控系统是否正常工作，主要通过 LED 模块的指示灯来判断，确认飞行模式是否正常，也可以通过指示灯来辨别飞控系统是否受到干扰，IMU 数据是否异常，GPS 接收卫星的个数是否满足起飞要求

5. 起飞后检查
（1）悬停测试。查看飞行器在 GPS 模式下是否能定位成功，通过打杆来判断通道是否正常，如果有通道反向，需要紧急降落；如果飞行器悬停飘移，需要降落重新校准指南针；飞行器机身如果抖动降落，检查飞行器机身重心是否偏移，飞控感觉是否发生了变化

（2）航线测试。排除视角范围内的障碍物，保证一定范围内做安全操作；小范围内做机动飞行，查看飞行器反应是否迟钝；查看操纵杆（摇杆）回中后飞行器是否正常制动；查看航线飞行中飞行器是否有掉高和爬升等问题

通过小范围内的飞行测试，检查飞行器机械结构和各个系统的工作情况，确认没有问题才可以操控无人机执行远距离长航时的任务

6. 飞行后检查
（1）着陆后上锁，避免人员靠近误操作

（2）电子设备检查。落地后主要检查电子设备是否有异常发热的情况，飞行过程中电子设备一直在工作，可以通过测温法检查设备是否异常，比如电动机，拿手握住电动机检测电动机的发热情况，如果 4 个电动机中有一个温度过高，和其他 3 个电动机的温度明显不一样，就可以初步推测这个电动机有问题，需要换修；同理也可以用这种方法测试电调

（3）需要查看飞行器整体结构是否有开裂，螺钉是否有松动的现象，桨叶根部是否有开裂，挂载的任务设备是否有脱落

注：具体检查操作可参考"附录 A"

知识点 3　多旋翼无人机应急操作处理

应急操作处理需要操控员在对飞控参数进行调设时根据飞行需要进行设置。操控员应熟悉多旋翼无人机可能出现的应急情况,并在第一时间做出应急处理方案。

1. 一键返航

将多旋翼无人机悬停在距操纵者 25m 范围内,高度超过 20m,拨动一键返航开关,确保无人机首先稳定姿态缓慢下降到 20m 高度,然后能自动着陆在初始起飞点。

2. RC 遥控链路中断返航

将多旋翼无人机悬停在距操纵者 25m 范围内,高度超过 20m,关闭遥控器,确保无人机首先稳定姿态缓慢下降到 20m 高度,然后能自动着陆在初始起飞点。

3. 一键返航重拾控制权

将多旋翼无人机悬停在距操纵者 25m 范围内,高度超过 20m,拨动一键返航开关,确保无人机首先稳定姿态缓慢下降到 20m 高度,然后在降落过程中将油门放在半油门合适的位置,切换控制模式开关,重新获得控制权,并操作无人机降落在初始起飞点。

4. RC 遥控链路恢复重拾控制权

将无人机悬停在距操纵者 25m 范围内,高度高于 20m,关闭遥控器,确保无人机首先稳定姿态缓慢下降到 20m 高度,然后在降落过程中将油门放在半油门合适的位置,打开遥控器,重新获得控制权,并操作无人机降落在初始起飞点。

5. 馈电应急操纵

飞行中电量报警要立即返航,返航时电量不能低于 30%,返航航线取直线，以最快的速度回来，如果返航中电量已经二级报警了，多推油门保持无人机的升力，能保障无人机回来，制止无人机迫降。进入降落阶段时，也要平稳降落。

6. 无人机失控应急操纵

飞行中多旋翼无人机失控，要赶紧把油门放置中位以上，拨动天线转换角度尝试重新连接信号。正常飞行过程中，如果操纵遥控器而无人机没有做出相应动作，应多次切换姿态操作模式，夺回控制权。

飞行中遇到电动机停转，首先要稳定好姿态，通过方向舵控制住航向，以最快的速度飞回来。

知识点4　教练飞行模式

新手初步练习无人机实操飞行时，应该在经验丰富的教员或机长的带领下飞行，能够做到单独操控无人机后，方可进行单飞训练。

飞行前先使用主遥控器（教练控）与无人机接收机对频。将无人机与飞控调参软件连接，对频期间只能开启一个遥控器，否则会与其他遥控器对频。要保证对频期间其他遥控器关闭且附近无正在飞行的无人机。对频时要保持微调为"0"。

对频结束后设置遥控器教练功能，打开遥控器设置，在遥控器上选择一个拨杆设置为切控开关。找到教练功能（TRAINER），将1~4通道设置为"NORM"功能。

使用教练线连接主副控，在调参软件上校准主副控的行程量，确保主副控通道行程正常。在飞行过程中副控操控员出现操作失误时，主控操控员应及时切回控制权并稳住无人机。

学习任务 2　多旋翼无人机基础飞行

技能点 1　起降训练

起降练习是操控无人机的基础，安全的起降才能保证无人机执行好任务，起降也是很容易出现"炸机"事故的环节，安全的起降是每个操控人员都应该做好的，如图 2-1 所示。在进行起飞降落飞行前，操控员需要熟悉多旋翼在空中的运动姿态，如若是初学者，可以在教练的带领下，熟悉无人机空中飞行后再进行起飞降落训练。

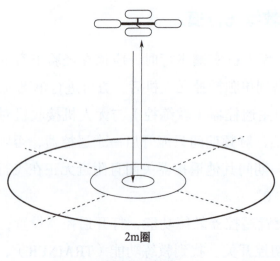

图 2-1　起降

1. 起飞练习

保持机头指向与自己视野方向一致，机头方向指示 LED 亮起。

按照预先设定的规则解锁飞控，缓推油门直到多旋翼开始离地，离地时由于地面摩擦或者侧风会导致多旋翼初始会有偏斜，注意根据偏斜的方向进行修正。

待无人机飞至 1.5m 后，保证飞机在视野中间位置，调整油门至中立位置，保持无人机悬停，完成起飞。

上升是无人机螺旋桨转速增加,无人机向上飞行的过程。练习上升操作时,假定已经起飞,则缓缓推动油门,此时无人机会慢慢上升,油门推动越多(不要把油门推动到最高或接近最高),上升速度越快。达到一定高度时或者上升速度达到自己可操控限度时停止推动油门,这时,会发现无人机依然在上升。若想停止上升,必须降低油门,这时要注意,不要降低得太猛,保持匀速即可,直至无人机停止上升。然而,这时又会发现无人机开始下降,这时又需要推动油门让无人机保持高度,反复操作后飞行器即可稳定。

- 动作解析

1)飞行器起飞"前内八"解锁,飞行器螺旋桨转动"后内八"松开,如图2-2所示。

图2-2 解锁方式

2)左手回底,右手回中缓慢推油门至中间格略上,飞行器爬升到1.5~2m高度。

2. 降落练习

保持无人机自动悬停,机头指向与操纵者视角方向一致。

缓慢收低油门,当无人机缓慢下降时保持油门杆位不动,下降时就不要再增加收油门杆量,确保无人机缓慢且匀速下降;如果有其他因素导致无人机下降过程中偏斜,应提前进行调整,同时也要略微增加油门以补偿因调整姿态而消耗的升力分量,等待多旋翼降落接地。

无人机接地瞬间迅速把油门杆拉到底,等待电动机停转,完成降落。

下降过程与上升正好相反。下降时，螺旋桨的转速会降低，无人机会因为螺旋桨的转速减小，动力也减小，随之无人机开始降低高度。在开始练习下降操作前，要确保无人机已经达到了足够的高度，在飞行器已经稳定悬停时，开始缓慢地下拉油门。这时不能将油门拉杆下拉过多，在飞行器有较为明显的下降时，停止下拉油门摇杆。这时飞行器还会继续下降，但不要让飞行器过于接近地面，在到达一定高度时开始推动油门迫使飞行器下降速度减慢，直至飞行器停止下降。这时会出现上升操作类似的情况，无人机开始上升，这时又要下拉油门，保持现有高度，经过反复几次操作后飞行器保持稳定。在这个过程中如果下降速度太快，或者快要接近地面，但是无人机无法停止下降，无人机将要触底反弹时需要加快推动油门杆，让无人机升高防止无人机发生侧翻或"炸机"情况（操控者要自行考量应该要多快）。但是，此时必须注意查看飞行器姿态，若过于偏斜，则不可推动油门过猛，否则有危险。

◇ 动作解析

1）将飞行器拉回降落点上空。

2）缓慢下拉油门，使飞行器缓慢降落。

3）接地后油门到底。

在这里可以看出的下降不同于上升过程，因为上升时需要螺旋桨的转速提供升力，而且在户外，一般没有上升的限制；而下降则不同，螺旋桨提供的升力成了辅助用力，下降过程主要靠重力作用在下降。所以，对于下降来说更加难操作，需要多加练习才有可以很好地掌握。

这个科目练习的重点是油门的控制，油门摇杆控制飞行器的升降方向，中位时飞行器的高度保持不变，往上推杆，飞行器升高，往下拉杆飞行器降低。启动飞行器时，必须推油门摇杆超过中位，飞行器才能离地起飞。

> **注意**：起飞要果断，降落要缓慢。上升和下降速度要有保证，上升速度不能大于5m/s；下降速度不能大于2m/s。这样可为安全操作留有余量，操控者能有反应时间对无人机进行修正。

技能点 2　悬停训练

这个科目主要练习对横滚杆和俯仰杆的操控。

多旋翼无人机起飞后悬停在锥桶的正上方 1.5m 处，首先要锁定高度，然后通过横滚杆和俯仰杆控制无人机飘移，通过反复修舵，练习让无人机始终悬停在锥桶的正上方。

练习四位悬停，无人机的四面朝向，分别是对尾、对左、对右、对头；需要熟悉飞机在某个朝向上的舵量以及操作。

四位悬停练习完毕后，再练习八面悬停；训练要求同上。

悬停训练的难点在于操控无人机各面悬停时，所对应修正方向不同，容易出现错舵，需要多加练习，熟悉空间方向感。

技能点 3　四边航线

四边航线，也称为水平移动，是操控升降舵及副翼实现无人机沿矩形飞行的动作，如图 2-3 所示。无人机飞行过程中机头方向始终保持不变，直线飞行不偏移。要确保无人机的高度不变。

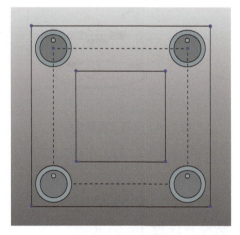

图 2-3　四边航线

> 练习方法

起飞，保持稳定高度悬停，机头指向与操纵者视野方向相同。

缓慢操纵副翼操纵杆,练习移动无人机分别向左和向右缓慢地水平移动位置,注意在平移时要根据无人机情况适当地增加油门以补偿升力的分量损失,确保无人机的高度不变。

操纵升降舵操纵杆,练习移动无人机分别向前和向后缓慢地水平移动位置,注意在平移时要根据无人机情况适当地增加油门以补偿升力的分量损失,确保无人机的高度不变。

在以上过程中要保持机头指向不变。

最后把无人机移动到起飞点上空,完成水平移动练习。

技能点 4　垂直三角航线

垂直三角航线移动如图 2-4 所示。

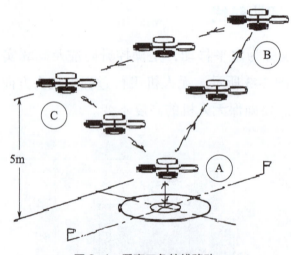

图 2-4　垂直三角航线移动

◉ 练习方法

1）飞行器在 A 点悬停并保持 1m 高度。

2）推升降杆和油门杆,使飞行器向 B 点方向匀速移动,到达 B 点悬停。

3）后拉升降杆,稍拉油门,使飞行器后退,做匀速下降飞行,移动至 C 点处悬停。

4）继续下拉油门,向前推升降舵,使无人机飞往 A 点悬停。

> 练习要求

平移时高度应保持不变,保持匀速(1m/s),停止时干脆利落,上升下降角度为45°,保持匀速(1m/s)。

视觉差会影响整个路线的偏移,上升下降和平移组合时会造成航线呈阶梯状,需多加练习,总结不足之处并加以改善。

技能点 5 360°自旋

360°自旋在以中心桶为圆心,在直径 1m 的圆内实现无人机旋转一周,且高度不能有明显变化,如图 2-5 所示。

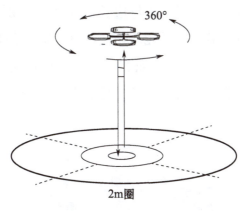

图 2-5 360°自旋

> 练习方法

1)对尾悬停。

2)在保持无人机位置不变的情况下,向左操作方向舵,原地慢速旋转 45°并悬停。然后,控制无人机分别在左前、左、左后、后、右后、右、右前、前 8 个方位进行悬停,在每个位置悬 3s。

3)在保持无人机位置不变的情况下,向右操作方向舵,原地慢速旋转 45°并悬停。然后,控制无人机分别在右前、右、右后、后、左后、左、左前、前 8 个方位进行悬停,在每个位置悬停 3s。

4)反复循环操作,在旋转过程中练习修舵,控制无人机保持在中心桶上方,直至旋转过程中无人机不偏移。

5)熟练掌握修舵方向后取消悬停动作,控制飞行器匀速旋转一周,中间过程要求方向不能出现停顿,且无人机保持在中心桶上方无偏离。

◉ 练习要求

保持无人机位置不变的情况下,进一步加强对操纵杆的控制能力。飞机在自旋过程中,配合右手杆量的修正让飞机稳定在锥桶正上方。在有风的情况下,也要注意高度的调整。

技能点 6　前进水平圆航线

水平圆航线为半径6m的圆,在与边长12m的正方形的切点处放置锥桶,从右侧开始为1号桶、最远处为2号桶,左侧为3号桶,近处为4号桶,以6m圆为中心航线,在左右各1m的航线范围内飞行,且高度在1.5~5m的范围内飞行,飞行开始后保持高度一定,如图2-6所示。

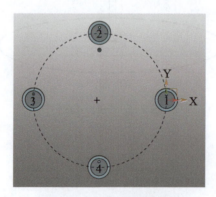

图2-6　前进水平圆航线

◉ 练习方法

1)起飞,保持在1号桶上空1.5m高度悬停,机头指向与操纵者视野方向相同。

2)操纵升降舵操纵杆和方向舵操纵杆,控制无人机做弧线运动。

3)控制杆量,让无人机依次通过2号桶、3号桶、4号桶,然后回至1号桶。

> 练习要求

> **注意**：在平移时要根据无人机情况适当地增加油门以补偿升力的分量损失，确保无人机的高度不变，平移过程中要逐渐调整无人机，确保航向机头指向（航向）与飞行轨迹（航迹）保持一致，最后到达圆周起始点后保持悬停。

如果是新手训练可以使用切圆法，即先通过方向舵控制杆让多旋翼略微偏转 5~10°，然后使用升降舵操纵杆控制多旋翼向前运行一段距离后悬停，再通过方向舵控制杆让多旋翼略微偏转 5~10°，继续使用升降舵操纵杆控制多旋翼向前运行一段距离后再悬停，通过少量多次的操作使得航迹逐渐接近一个正圆，技术熟练后就可以混合操纵了。

以上训练航线的方向也可以由自己决定，甚至可以使用倒退的方法来实现上述航线，基本操纵方法相同，倒退飞行仅需注意旋转方向和前进后退的配合。

技能点 7　前进水平 8 字航线

水平 8 字航线，即操控无人机分别完成左侧画圆和右侧画圆，最终航迹形成一个"8"字。以中心桶为参照，左右摆放两个半径 6m 的圆，将中心桶摆放在与 2 个边长 12m 正方形的切线处，即摆放两组水平圆航线且在中心桶处相切，从中心桶往左开始，依次为 1 号桶、2 号桶、3 号桶、4 号桶、1 号桶、5 号桶、6 号桶、7 号桶、1 号桶。

以正北方向为例，其飞行轨迹如图 2-7 所示。

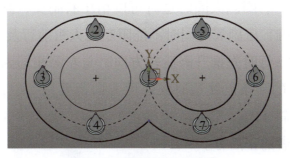

图 2-7　前进水平 8 字航线

练习方法

左圈飞行

1）1-2号桶飞行时先推升降后转方向，匀速推出升降和方向，飞至1、2号桶中间无人机机头朝向斜45°角，到2号桶上方时，无人机姿态为对左。左圈画大圈时可以稍压左副翼，画小圈时可以稍压右副翼，压副翼的同时不能阻断无人机前行及转向的姿态（副翼的舵量大小要根据无人机离圆的距离调整得当）。

2）2-3号桶飞行时先推升降后转方向，因视觉问题2-3航线看起来是最长的航线，这时候速度方向都要慢一些，到2、3号桶中间飞机机头朝向斜45°，到达3号桶上方时，无人机为对头姿态，切记机头是朝向操控者的正后方。

3）3-4号桶飞行时先推升降后转方向，匀速推升降和方向，这条航线从视觉来看是左圈中最短的一条，这条航线最容易画直角弯，这时候升降杆舵量可以多增加点舵量，飞机到达4号桶正上方时，无人机姿态呈现对右。

4）4-1号桶飞行时先推升降后转方向，飞至4、1号桶中间无人机机头朝向斜45°角，到中心桶正上方时，无人机呈对尾姿态。这条航线最容易出现侧滑、甩尾的情况，如果出现侧滑，无人机是一边往前走一边往右圈方向靠近，甩尾时无人机出现速度慢方向快的现象。侧滑用副翼来克制，甩尾时用减速来克制（结合无人机侧滑和甩尾情况给出适当的修正舵量）。

右圈飞行

5）1-5号桶飞行时先推升降后转方向，匀速推出升降和方向，无人机飞至1、5号桶中间无人机机头朝向斜45°角，到5号桶正上方时，无人机姿态呈现对右。右圈画大圈时这时可以稍压右副翼，画小圈时可以稍压左副翼，以此类推，压副翼的同时不能阻断无人机前行及转向的姿态。

6）5-6号桶飞行时先推升降后转方向，与左圈相同因视觉问题5-6号桶看起来是最长的一条航线这时候速度方向都要慢一些，到5、6号桶中间飞机机头朝向斜45°，到达6号桶正上方时，无人机为对头姿态，切记机头是朝向操控者的正后方。

7）6-7 号桶飞行时先推升降后转方向，同左圈的 6 号到 7 号桶一样，当无人机飞至 7 号桶正上方时，无人机姿态呈现对左。

8）7-1 号桶飞行时先推升降后转方向，飞行至 7 号到 1 号桶两桶中间无人机机头朝向斜 45° 角，到中心桶正上方时，无人机呈对尾姿态。

练习要求

水平 8 字训练需要同时控制好升降杆和方向杆，如果无人机不在圆形航线上还需要控制副翼杆来修正，升降杆控制好速度，速度要匀速，不要太快，可以慢一些，然后方向杆配合好慢慢地打方向，两个操控杆配合好了才能飞出完美的 8 字。

高度范围 1.5m、速度 0.3m/s、航向角偏差 30°、高度偏差 ±50cm，水平偏差 2m。飞行动作流畅，方向和速度配合得当，大小圈能够及时修正，高度起伏动作稳定。

以中心圆为标准，左右 1m 范围，在范围内飞行。升降舵、方向舵不停，且相互配合。无人机的飞行轨迹为圆弧，不能出现直线。左圈大圈时压左副翼制止无人机往外漂移，小圈压右副翼使无人机回到轨迹。右圈同理大圈压右副翼，小圈压左副翼。

学习任务 3　多旋翼无人机进阶飞行

技能点 1　机头向内水平圆航线

机头向内水平圆航线即定点环绕，俗称为"刷锅"，是航拍视频中不可缺少的镜头飞行，定点环绕可以对一个物体进行完整的360°拍摄。与水平圆航线的轨迹相同，但水平圆航线的机头始终指向飞行轨迹方向，而"刷锅"的机头始终指向中间物体。练习好"刷锅"后，可以练习一些高阶拍摄动作，比如环绕上升、螺旋镜头等。

练习方法

"刷锅"是两个以上摇杆巧妙配合才能完成的动作，需要多加练习才能够掌握。向右压副翼的同时，向左转方向，且需要调节升降，方向速度不能快，要保持机头始终指向中间物体。

1）飞行器起飞后飞至圆形航线中任意一点，调整飞行器状态，使飞行器机头正对中间物体。

2）向左压副翼使飞行器向左移动，反打方向，使飞行器机头指向中间物体。

3）观察飞行器状态，当飞行器向后退时往前稍推升降，将飞行器控制在圆形航线中。

练习要求

方向与副翼配合适当，注意飞行状态，控制前进舵量，飞行器机头始终指向中间物体。动作要柔和，飞行要缓慢。

技能点 2　机头向外水平圆航线

机头向外水平圆训练也是环绕，但机头是朝外的，机尾始终保持朝中心点，此飞行常用于环绕拍摄，即以自己为中心，拍摄周围环境及事物。

练习方法

航线与机头向内水平圆航线相同，机头朝向相反。

1）飞行器起飞后飞至圆形航线中任一点，调整飞行器状态，使飞行器机尾正对中间物体。

2）向左压方向使飞行器向左偏转，同时同方向压副翼，使飞行器机尾始终指向中间物体。

3）观察飞行器状态，当飞行器向左侧滑时多压方向同时向后拉升降，将飞行器控制在圆形航线中。

练习要求

方向与副翼配合适当，注意飞行状态，飞行器机尾始终指向中间物体。适当修正升降舵以保证无人机沿圆形航线运动。动作要柔和，飞行要缓慢。

技能点 3　后退水平 8 字航线

后退水平 8 字航线，又称"倒飞 8 字"。与水平 8 字航线及参照物相同，不同之处在于水平 8 字是推升降杆使机头朝前飞行，倒飞 8 字是拉升降杆控制无人机飞行。

练习方法

左圈飞行

1）1–4 号桶飞行时先拉升降，后转右方向，匀速拉升降和方向，飞至 1、4 号桶中间无人机机头朝向斜 45°角，到 4 号桶上方时，无人机姿态为对左。左圈画大圈时可以稍压左副翼，画小圈时可以稍压右副翼，压副翼的同时不能阻断无人机前行及转向的姿态（副翼的舵量大小要根据无人机离圆的距离调整得当）。

2）4–3 号桶飞行时先拉升降，后转右方向，因视觉问题这段看起来是最长的航线这时候速度方向都要慢一些,到 4 号与 3 号桶中间无人机机头朝向斜 45°,到达 3 号桶上方时,无人机为对头姿态,切记机头是朝向驾驶员的正后方。

3) 3-2 号桶飞行时先拉升降,后转右方向,匀速后拉升降和方向,这条航线从视觉来看是左圈中最短的一条,这条航线最容易画直角弯,这时候升降杆舵量可以多增加点舵量,无人机到达 2 号桶正上方时,无人机姿态呈现对右。

4) 2-1 号桶飞行时先拉升降,后转右方向,飞至 2 号与 1 号两桶中间无人机机头朝向斜 45°角,到中心桶正上方时,无人机呈对尾姿态。这条航线是最容易出现侧滑、甩尾的情况,如果出现侧滑,无人机是一边往后走一边往右圈方向靠近,甩尾时无人机出现速度快方向慢的现象。对于侧滑应该用副翼来克制,甩尾时应该用减速来克制(结合无人机侧滑和甩尾情况给出适当的修正舵量)。

右圈飞行

5) 1-7 号桶飞行时先拉升降,后转左方向,匀速后拉升降和方向,无人机飞至 1 号与 7 号桶中间无人机机头朝向斜 45°角,到 7 号桶正上方时,无人机姿态呈现对右。右圈画大圈时这时可以稍压右副翼,画小圈时可以稍压左副翼,以此类推,压副翼的同时不能阻断无人机前行及转向的姿态。

6) 7-6 号桶飞行时先拉升降,后转左方向,到 7 号与 6 号桶中间无人机机头朝向斜 45°,到达 6 号桶正上方时,无人机为对头姿态,切记机头是朝向驾驶员的正后方。

7) 6-5 号桶飞行时先拉降后转方向,同左圈的 3 号到 2 号桶一样,当无人机飞至 5 号桶正上方时,无人机姿态呈现对左。

8) 5-1 号桶飞行时先推升降后转方向,飞行至 5 号到 1 号桶中间无人机机头朝向斜 45°角,到中心桶正上方时,无人机呈对尾姿态。

- **练习要求**

后退水平 8 字训练需要控制好升降杆和方向杆,如果无人机不在圆形航线上还需要控制副翼杆来修正,升降杆控制好速度,速度要匀速,不要太快,可以慢一些,然后把方向杆配合好。后退 8 字使用的副翼比较多,与水平 8 字修正副翼的方法相同。更考验的是反打方向与后拉升降的配合。

高度范围 1.5m、速度 0.3m/s、航向角偏差 30°、高度偏差 ±50cm、水平偏差 2m。飞行动作流畅,方向和速度配合得当,大小圈能够及时修正,高度起伏动作稳定。

以中心圆为标准,左右 1m 范围内飞行。升降舵、方向舵不停,且相互配合。无人机的飞行轨迹为圆弧,不能出现直线。左圈大圈时压左副翼制止无人机往外漂移,小圈压右副翼使无人机回到轨迹。同理,右圈时,大圈压右副翼,小圈压左副翼。

技能点 4 水平圆自旋航线

水平圆自旋航线是在自旋的基础上飞行水平圆,这对操控者的操控灵活度有极高的要求,需要快速反应。在自旋中升降不是主杆量,方向需一直压着,通过时刻调节右手升降和副翼,在圆弧线上向前移动。水平圆航线是通过升降舵实现沿航线运动的,水平圆自旋则是通过升降与副翼实现沿航线运动的。简单理解,就是在自旋的过程中根据飞机姿态适时调整升降和副翼,例如无人机向左自旋过程中,观察飞机旋转状态,依次按照前右后左修正右手摇杆,实现无人机沿航线运动。

练习方法

1)推升降使无人机向前移动,向左压方向舵,根据无人机飞行姿态判断压杆方向,保证右手压杆能够带动无人机在 1 到 2 航线上完成 360° 自旋。以同样的方法飞完左圈,在飞行至 1 号中心桶时,无人机机头朝前。

2)推升降使无人机向前移动,向左压方向舵,根据无人机飞行姿态判断压杆方向,保证右手压杆能够带动无人机在 1 到 4 航线上完成 360° 自旋。以同样的方法飞完右圈,在飞回 1 号中心桶时,无人机机头朝前。

> **练习要求**

水平圆自旋航线在飞行过程中的打杆没有具体执行操作要求，考验短时间内操控者对无人机飞行状态的判断，并能够在第一时间修舵打杆且不错舵。初学者容易在水平圆自旋过程中迷失无人机飞行方向，以至于错舵。同时，它也考验操控者对方向量的掌握，飞行过程中的方向始终保持一个方向（顺时针或逆时针二选一），方向的量要注意掌握，方向太快来不及打杆，方向太慢，右手修舵就会使无人机往外或往里侧滑，要保证方向转动的速度能够与右手修舵量相互匹配，才能飞出圆弧感。在练好水平圆自旋后可拓展练习自旋 8 字。

技能点 5　姿态模式水平 8 字航线

姿态模式下的水平 8 字航线与 GPS 模式下的航线一致，到各点的位置也相同，主要区别是打杆动作，因姿态模式下无人机无法定点，所以在飞行过程中需要密切关注无人机的姿态，及时操纵遥控器控制无人机在航线范围飞行。需要熟悉方向感，在无人机发生漂移时及时向反方向压副翼，注意行程量不要太大，压杆后立即回中调整，否则无人机持续向反方向偏移，这时需要微小舵量的调整。升降舵的行程量比 GPS 模式下行程量少，只需稍推升降舵，根据飞行姿态有时还需向后稍拉升降以放慢飞行速度，在姿态模式下需要多修杆。

学习任务 4　地面控制站飞行

随着无人机应用越来越广泛，视距内飞行已无法满足所有任务的需求，地面控制站的出现大大助推了无人机在超视距状态下的行业应用，受到越来越多的青睐。作为无人机操控重要组成部分，下面我们重点讲解地面控制站在超视距飞行中的应用。

知识点 1　地面控制站软件安装

下面以大疆地面控制站为例，操作系统要求：Windows XP（需要安装 SP2 补丁）、Vista、Windows 7、Windows 8（32 位、64 位、基本版需要安装 SP3 补丁）；以上软件请到 DJI 官方网站下载。

http://www.dji.com/cn/product/pc-ground-station/download

下载并安装如下软件。

1) 下载谷歌地球插件。
2) 地面控制站系统（如果无法成功安装，请先安装 .NetFramework 3.5）。
3) 下载驱动程序。

知识点 2　地面控制站软件介绍

下面以大疆地面控制站为例讲解，使用地面控制站前，应先将无人机连接地面控制站，如图 2-8 所示。

进入大疆地面控制站，页面显示第一行为菜单栏，包括操纵杆、工具箱、系统设置、语言、帮助，如图 2-9 所示。

图 2-8　连接地面控制站

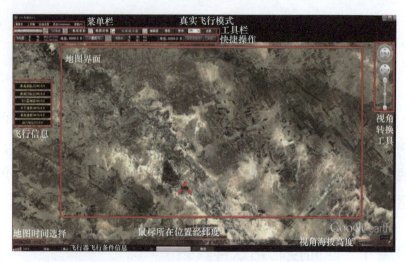

图 2-9 页面显示

1. 操纵杆菜单

包括选择操纵杆、操纵杆校准、通道映射，用于操纵杆手动飞行，如图 2-10 所示。

图 2-10 操纵杆菜单

2. 工具箱

包括点击模式、F 通道控制器、相对坐标编辑器、航线模板、动作设置、摄影测量工具，如图 2-11 所示。

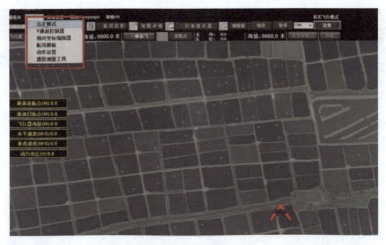

图 2-11　工具箱菜单

1）点击模式：即用鼠标单击地图位置，无人机自主向所点航点飞行，如图 2-12 所示。

图 2-12　点击模式

2）F通道控制器：是通过键盘操作F通道上的任务设备，如图2-13所示。

3）航线模板：它是快速绘制航线的主要工具，绘制航线前需要添加区域，可添加多个区域，可以通过删除区域按钮删除选中区域，如图2-14所示。添加区域之后可通过模板快速绘制出各种预设航线，再次单击可旋转航线，输入海拔快速设置飞行器在航线飞行中的高度，参数指的是绘制出航线的航点数，扫描航线中的参数指来回航线数。

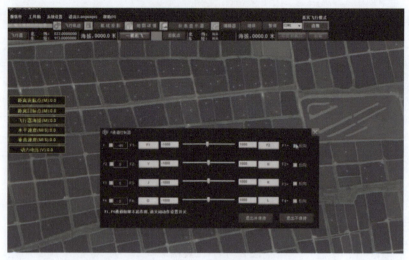

图2-13 F通道控制器

航线绘制完成后,导入到编辑列表进行下一步编辑,导入后地图左侧会出现黑色浮动条,显示当前航点飞行时间、飞行总时间、单程预估总时间、单程总距离。地图右侧是航点编辑器,可以编辑单个航点,或者一次编辑多个航点。

①航点编辑(所有参数设置):点击编辑中的任务,编辑的便是整个任务航点的编辑,任务属性中,任务超时时间指的是"当飞行时间超出该预设时间时,飞行器会自动返航,单位为秒。"循环可以设置飞行器飞到最后一个航点后,是继续执行该航线还是在最后一个航点悬停,"continous"为继续执行该航线,"start to end"为在最后航点悬停。起始点是指无人机起飞后飞向的第一个航点(可更改起始点)。最大垂直速度限定飞行器改变高度的速度(介于0.5~5m之间)。

设置所有航点的参数中,可以统一设置所有航点的海拔、水平速度、转弯模式("stop and turn为定点精确转弯""bank turn为协调转弯""adaptive bank turn为自适应协调转弯")、所有航点执行的动作。

②航点编辑(单个航点编辑):单击单个航点可以编辑单个航点属性。可以更改航点的经纬度位置、单个航点的海拔、转弯模式、到达该航点的机头朝向、在该航点的停留时间、该航点的任务动作等。

③航点编辑器:参数编辑下方"+"增加航点、"-"删除航点、"保存、打开"用于保存航信以及打开设置好的航线、"加一加十、减一减十"改变

航点高度、"取消"放弃编辑、"清屏"清除航点、单击"上传"，会打开任务预览，预览每个航点信息，确认无误后单击"确定"将航线上传至无人机、"GO"无人机执行航线任务。

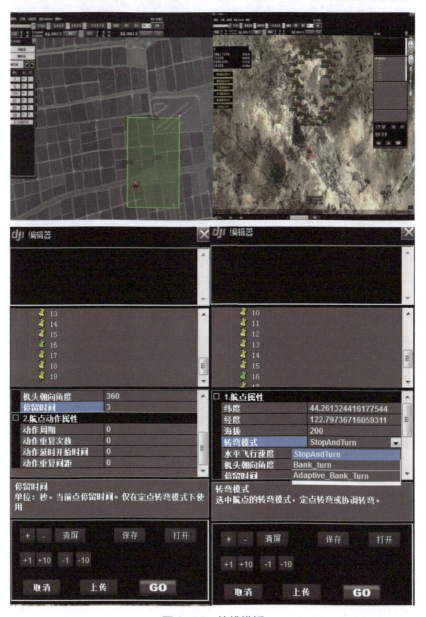

图 2-14　航线模板

4）相对坐标编辑器：用于编辑精确航线，首先创建一个航点，然后在相对坐标编辑器中输入相对于该点的角度和距离以创建下一个航点（正北

0°或360°、正东90°、正南180°、正西270°），如图2-15所示。

角度计算方法：负正角转换加减360°。

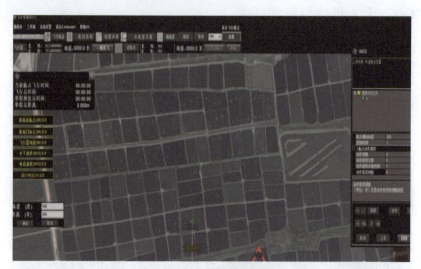

图2-15 相对坐标编辑器

5）摄影测量工具：类似扫描航线，可调节测量仪器参数，如图2-16所示。

图2-16 摄影测量工具

6）动作设置：似时间触发器安排三个动作舵机位置、停留时间，如图2-17所示。

图 2-17 动作设置

3. 系统设置

包括选项、海拔补偿值、数据记录文件夹，如图 2-18 所示。

图 2-18 系统设置

1）选项：包括基本设置、数据链路设置、网络设置。包含了声音开关、仪表板样式、仪表显示器按钮、目标线开关、浮动条显示等，如图 2-19 所示。

图 2-19　系统设置——选项

2）海拔补偿：因地面海拔差异、建筑物及测绘误差，所以要给出一定的海拔补偿值，如图 2-20 所示。

图 2-20　系统设置——海拔补偿值

3）数据记录文件夹：默认位置在地面控制站目录下 GSdata 文件夹，如图 2-21 所示。

第二行为工具栏，包括到达航点输入栏、飞行轨迹、航线投影、地图详情、仪表显示器、编辑器按钮、继续暂停按钮、数传电台的连接端口和连接按钮，如图 2-22 所示。

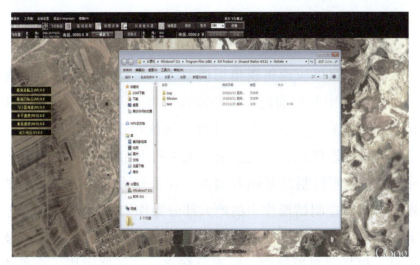

图 2-21 系统设置——数据记录文件夹

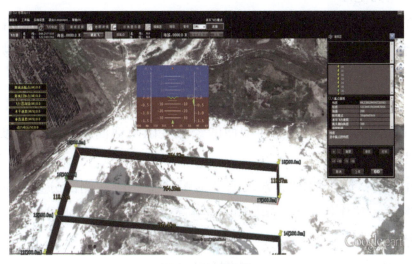

图 2-22 工具栏

工具栏最左边的输入栏可输出航点，此航点为无人机飞向该航点。飞行轨迹可打开或关闭无人机飞过的飞行轨迹。航线投影可以以投影的方式立体显示航线。地图详情可打开或关闭地图下方地图绘制时间等水印。仪表显示器可显示无人机的飞行姿态，包括俯仰、坡度、航向、垂直速度、平飞速度、海拔。编辑器按钮可开启航线编辑器。暂停与继续用于暂停或者继续飞行任务。数传电台在连接计算机时需根据驱动选择COM口，选好后单击连接使数传的地面端与无人机数传相连。

第三行为快捷操作栏，包括飞行器按钮、飞行器经纬度、海拔、一键起飞按钮、返航点按钮、返航点经纬度、设置返航点、返航按钮。当航线编辑完成后单击一键起飞，无人机将飞至初始点。

使用飞行器按钮可快速将视角切换至无人机位置。经纬度及海拔栏显示无人机飞行过程中的当前经纬度和海拔。单击返航点按钮，可快速将视角切换至返航点位置。返航点的经纬度及海拔在返航点按钮右侧、设置返航点按钮快速设置返航点，单击返航，无人机退出任务进行返航。

地图界面：地面控制站基础界面所占比重最大的一部分便是地面控制站地图界面，地面控制站操作中的绝大部分操作均在地图界面完成。

飞行信息：左侧黑底黄框的浮动条会实时显示飞行信息，可及时关注飞行器信息。包括距离返航点、距离目标点、飞行器海拔、水平速度、垂直速度、动力电压。

视角转换工具：地图右侧的按钮可以调整视角，可以旋转、倾斜、平移、拉近缩远，同样地，除了通过鼠标更改视角，还可以用键盘调整视角，方便使用者操作地面控制站。

鼠标所在位置经纬度：位于地图下方黑色半透明状态栏中心部分显示的经纬度信息为鼠标位置所在地面的经纬度以及地面的海拔，方便使用者绘制航线。

视角海拔：位于地图下方黑色半透明状态栏最右侧部分显示的是当前视角的海拔，其作用是使使用者更清楚直观地放大缩小地图，使绘制航线时更加精确。

飞行器飞行条件信息：位于地图最下方，包括数传信号强度、GPS 数量、飞行模式等。

知识点 3　无人机与地面控制站连接

1）将天空端图传数传天线（机载电台）与无人机飞控连接，地面链路设备（地面电台）与计算机相连接，如图 2-23 所示。

2）打开遥控器和地面控制站，给无人机上电，单击地面控制站真实飞行模式连接。

3）检查数传、图传连接能否正常工作。

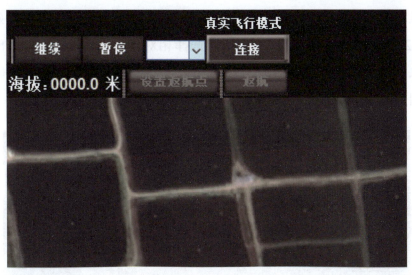

图 2-23 连接无人机

超视距飞行前检查与视距内飞行检查基本一致,需要注意的一点是要检查数传天线、图传天线是否连接无误、地面控制站是否正常工作。若不能正常工作,断电更换图传数传天线。

数传天线:用于无人机与地面控制站之间的传输,超视距操控无人机时,遥控器的遥控权归于地面控制站电台,会使无人机超视距飞行时更加安全。

图传天线:图传信号的强弱将影响无人机超视距飞行时能否使操控者更加直观观察到无人机的运动状态,能够有效避免发生无法挽回的飞行事故等不安全因素。

地面控制站检查:超视距飞行前最应注意的是地面控制站是否可以正常工作。

知识点 4　航线规划与上载

进行地面控制站操作前,注意海拔补偿值的要求。下面以绘制一个 400m 乘以 400m 的四边形航线为例,其高度 50m、垂直速度 1.5m、自适应协调转弯、循环航线、各点停留时间 3s、初始点为 2 号航点。

1)链路连接。地面控制站以及无人机检查完毕后,打开地面控制站,进入工具栏,找到连接按钮,连接无人机。

2）点击工具栏中的"编辑器"按钮，进入编辑器选择"新建"新建航线，如图2-24所示。单击工具栏"工具箱"选择相对坐标编辑器或使用"Shift+P"快捷键，分别输入"角度90、270、360""距离400"绘制出400m乘以400m四边形航线，如图2-25所示。

图2-24 进入编辑器

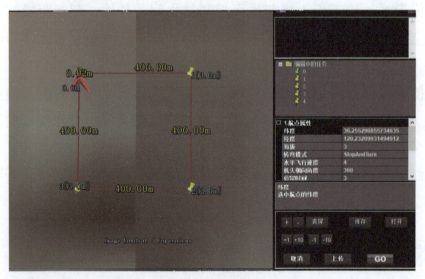

图2-25 编辑航线

3）进入编辑器，单击"编辑中的任务"进行航线参数编辑，如图2-26所示。

4）调节完参数后，单击编辑器中的"上传"，航线上传后单击"确定"起飞，如图2-27所示。

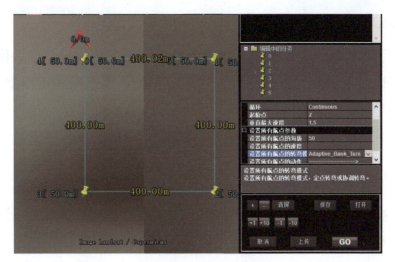

图 2-26　设置航线参数

图 2-27　上传航线

地面控制站航线规划是无人机作业操作中必不可少的一项步骤，只有灵活使用地面控制站航线规划，无人机的操控才会"易如反掌"。

航线编辑完成后单击编辑器中的"上传"，等待"GO"显示红色后完成上载，可以开始执行航线。

知识点 5　应急处理

1. 无人机地面控制站操作时 GPS 丢星故障

1）切手动操控，升高无人机，看地面控制站无人机数据显示，手动拉回无人机。

2）使用地面控制站，自动返航，记录无人机最后坐标。

2. 无人机飞控失控

1）切手动操控，姿态模式下根据地面控制站各项数据反馈，仪表返航。

2）若地面控制站无数据反馈，切手动操控，姿态模式下根据图传显示将无人机飞回安全区域。

3）切手动操控，记录下失控前无人机最后反馈数据，缓慢迫降无人机。

3. 无人机电动机停转

遇到这种情况时，切换手动操控，GPS模式下根据地面控制站数据反馈以及图传显示将无人机缓慢飞回至安全区域，缓慢降落。

4. 电池脱落

记录无人机地面控制站飞行时最后数据，至"炸机点"寻找。为了避免电池脱落，在准备飞行前，一定要固定好电池。

知识点6　地面控制站飞行

1）链路连接。地面控制站以及无人机检查完毕后，打开地面控制站，进入工具栏，找到连接按钮，连接无人机。

2）航线规划。连接完地面控制站后，进行航线规划。

3）基础航线编辑。航线编辑需要根据实际任务情况进行编辑，如图2-28所示。

图2-28　编辑航线

4）航线飞行。单击航线编辑器，单击上传，上传完成后单击 GO 即可进入无人机航线飞行模式。无人机在飞行过程中，会逐渐进入所编辑航线之中。

5）高级航线编辑。在无人机地面控制站操作中，经常会出现改变航点、改变航点高度、改变无人机航行时运动速度的情况。

①改变航点。单击地面控制站工具栏，单击暂停按钮，暂停航线飞行。

方法 1：删除航点、拖动航点即可改变航点。

方法 2：进入航线编辑器，选择增点或减点更改航点。编辑完成后上传航线，单击 GO 继续航线飞行，此时无人机将会按照重新编辑的航线继续飞行。

②改变航点高度。暂停航线进入航线编辑器，选择需要更改航点高度的航点进行编辑，编辑完成后选择上传航线，单击 GO 继续航线飞行，此时无人机将会按照重新编辑的航线继续飞行。

③改变无人机航行时运动速度。暂停航线进入航线编辑器，选择需要更改无人机航行时运动速度的航点进行编辑，编辑完成后选择上传航线，单击 GO 继续航线飞行，此时无人机将会按照重新编辑的航线继续飞行。

④返航。无人机地面控制站飞行任务结束时，进行无人机返航操作。单击快捷操作栏中设置返航点按钮设置返航点，设置完毕后单击返航按钮，无人机将自主飞行至返航点并缓慢降落。

6）着陆后检查。和视距内飞行练习检查方法一致，增加检查地面控制站内容，重点检查地面控制站工作是否正常。检查桨叶是否松动，各零部件之间的固定是否有松动，脚架与中心板连接处尤为重要。

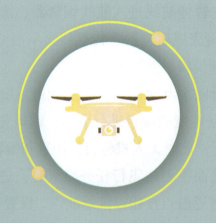

能力模块三
固定翼无人机飞行

学习任务 1　固定翼无人机飞行检查

学习任务 2　固定翼无人机基础飞行

学习任务 3　五边航线飞行

学习任务 4　地面控制站飞行

固定翼无人机的飞行训练多依赖于模拟器训练，只有熟练掌握固定翼飞行技巧后，经教练允许方可进入固定翼真机飞行。固定翼无人机在飞行过程中无法保持悬停，不会给操控员多余的时间考虑，而且各操纵杆的动作复杂，固定翼无人机的飞行难度更高。练习飞行过程中必须理论与实践相结合，在技术熟练的教练员辅导下，科学训练。

能力目标

- 了解固定翼无人机飞行安全要求，检查固定翼无人机飞行安全。
- 掌握固定翼无人机起飞前的各项检查内容、应急处置及维护保养方法。
- 了解固定翼无人机基础飞行动作，学会判断固定翼无人机飞行姿态并及时修正。
- 学会五边航线飞行，分析影响目测着陆的原因及修正方法。
- 了解 Mission Planner 地面控制站基本功能，能够编辑航线，执行飞行任务。

素养目标

- 通过学习了解飞行安全要求及规范，强化依法飞行、按章操作的思想观念，进一步增强法规意识。
- 加强技能训练，规范飞行动作，培养全神贯注的专注精神。
- 拓宽专业知识面，提高应变能力及解决问题能力。

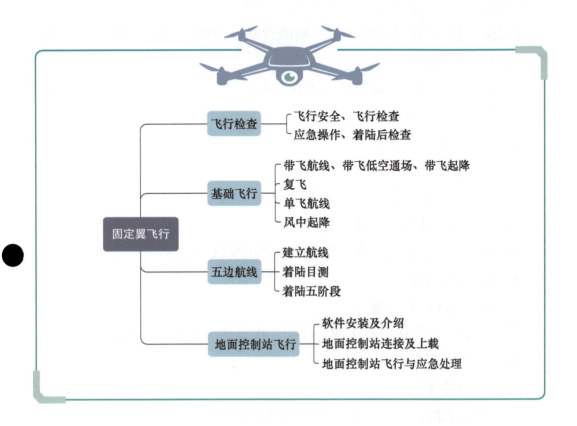

学习任务 1　固定翼无人机飞行检查

知识点 1　飞行安全要求

　　固定翼无人机起飞前必须完成大量准备工作，以确保起飞顺利及飞行安全。起飞前要考虑起飞跑道的朝向、长度、宽度、平整度及周围障碍物，不同型号及类型的飞机对这些要求各不相同。但所有无人机起飞区域必须保证绝对安全，严格遵守国家法律法规。例如，距离军用、商用机场 10km 以上，远离禁飞区域，起飞场地相对平坦，视野良好，远离人口密集区周围，无影响起飞的障碍物，附近无信号干扰。

　　固定翼无人机执行超视距飞行任务，应提前向当地飞行管制部门提出飞行计划申请，提供相关材料。无论是在融合空域还是在隔离空域实施飞行，都要预先申请，经过相应部门批准后方能执行。飞行计划申报应于北京时间前一日 15 时前向所使用空域的管制单位提交飞行计划申请，申请应包含下列基本内容。

1）组织该次飞行活动的单位或者个人。

2）飞行任务性质。

3）无人机类型、架数。

4）通信联络方法。

5）起飞、降落和备降机场（场地）。

6）预计飞行开始、结束时刻。

7）飞行航线、高度、速度和范围，进出空域方法。

8）指挥和控制频率。

9）导航方式，自主能力。

10）安装二次雷达应答机的，注明二次雷达应答机代码申请。

11）应急处置程序。

12）其他特殊保障需求。

有特殊要求的，应当提交有效任务批准文件和必要资质证明。

在起飞前，操控员必须了解无人机的各项参数，为飞行决策提供有效参考。为保证无人机的飞行安全，在起飞前操作员必须对机身、动力系统、机械系统、电子系统等，进行仔细检查，确保无故障后试飞。

在执行任务之前，做好详尽的任务规划，包括综合任务要求、地理环境、无人机任务载荷等因素进行预先规划和飞行过程中的实际情况、环境变化制定的实时规划。

知识点 2　飞行检查

据统计，无人机系统 60% 以上的事故发生在起降阶段。作为无人机系统的机长或驾驶员，必须熟练掌握无人机起降阶段的正常和应急飞行程序和技术，确保无人机系统的安全运行。

1. 了解固定翼无人机性能

对于无人机关键性能，无人机驾驶员必须全面了解，具体包括：起降性能、速度范围、速度限制和发动机性能等。其中：

1）速度范围主要包括海平面不同重量下的速度范围、极限高度内的速度范围。

2）速度限制主要包括俯冲最大速度，不同高度、不同重量下的失速速度。

3）起降性能受起落架和襟翼的影响很大。

2. 飞行器检查

1）飞行器外观、重心及对称性检查。

2）舵面结构及连接检查。

3）起飞（发射）、降落（回收）装置检查。

3. 控制站检查

1）控制站电源、天线等连接检查。

2）控制站软件检查。

3）预规划航线及航点检查。

4. 航电系统检查

1）飞控系统检查。

2）卫星定位系统检查。

3）执行机构检查。

5. 动力装置检查

1）发动机油量/电池电量检查。

2）发动机油料管路、外部松动检查/电动控制装置及线路检查。

3）发动机/电机动正反转检查。

> **知识点 3　应急操作处置**

1. 失控

高空失速时需要推满油门，调整机翼，用速度换取升力，使无人机姿态可控，回到计划航线上。如遇到姿态不可控可紧急开伞。

低空失速时（无人机没有高度回转的情况），无人机坠毁已无挽回，这时需要当机立断，将损失减到最小，绝不能造成人员危险。在保证人员安全的前提下，无人机姿态如还可控，尽可能不让吊舱先触地。

2. 发动机失效

高空时发动机停转，要及时调整飞机姿态，就近寻找降落点降落。如果姿态无法调整，或无法降落滑跑场地，应启用降落伞。

3. 数传断开

及时排除电路或数据故障恢复连接；或启用备用数传通信链，指挥无人机返回航线。

4. 建立应急航线

1）检查无人机发动机、机身上设备的故障状态、油量、电量。
2）决定着陆场地或迫降场地。
3）决定控制方式。
4）决定飞行驾驶员和起降驾驶员交接时机。
5）决定起落架、襟翼收放时机。
6）如果条件允许，应第一时间飞回本场上空。

跑道上有无人机或其他障碍物影响着陆安全、不具备着陆条件等，飞行驾驶员必须操控无人机进行复飞。

知识点 4　着陆后检查

需要对固定翼无人机进行系统的检查与保养。
1）无人机外观检查。
2）燃油动力无人机需要称重检查。
3）各系统电量检查。
4）下载飞行参数并检查。

飞行任务完成后要做的工作：检讨飞行执行过程和填写飞行日志或记录本。

学习任务 2　固定翼无人机基础飞行

技能点 1　带飞航线飞行

1. 平飞

平飞主要是由飞行驾驶员执行，节风门应保持在适当位置，例如 45%，如图 3-1 所示。

图 3-1　平飞

定高平飞时，驾驶员应面对地面控制站界面，密切判断无人机的俯仰状态和有无坡度；根据目标点方向，密切判断无人机飞行方向；不断检查空速高度和航向指示，同时观察发动机指示，了解发动机工作情况。

平飞时作用在无人机上的力和力矩应保持平衡，无人机的平衡经常受其他因素影响。如发现飞行状态发生改变，应立即修正。

平飞航迹偏离时，如果轨迹方向偏离目标 5° 以内，应柔和地向偏转的反方向适当扭动；如航迹方向偏离目标超过 5°，应协调地压杆扭舵使无人机正对目标，然后改平坡度。

2. 转弯

转弯是改变飞行方向的基本动作，如图 3-2 所示。转弯时，处于支配地位的主要是无人机的坡度。坡度形成，无人机即进入转弯；改平坡度，转弯即停止。在一定条件下的转弯中，坡度增大，机头会下俯，速度随即增大；坡度减小，则相反。多数无人机需要方向舵协调转弯，可有效减小转弯半径并减少侧滑。

图 3-2　转弯

（1）平飞转弯的操纵方法

1）转弯前，根据转弯坡度大小，加油门 5%~10%，保持好平飞状态。

2）注视地平仪，协调地向转弯方向压杆扭舵，形成一定坡度（接近 10°）后，稳杆保持。

3）转弯中，如果坡度过大，应协调地适当回杆回舵；坡度小，则适当增加压杆扭舵量。机头过高时，应向转弯一次的斜前方适当推杆并稍扭舵；机头过低时，应向转弯一侧的斜后方适当拉杆并稍回舵。

4）转弯后段，当无人机轨迹方向离目标方向 10°~15° 时，注视地平仪，根据接近目标方向的快慢，逐渐回杆。

（2）无坡度转弯的操纵方法

向转弯方向压方向舵，副翼反打以保证坡度水平。

（3）转弯时易产生的偏差

1）进入和退出转弯时，动作不协调，产生侧滑。

2）转弯中，未保持好机头与天地线的位置关系，以致速度增大或减小。

3）转弯后段，未注意观察退出转弯的检查目标方向，以致退出方向不准确。

3. 爬升转平飞

飞行驾驶员注视地平仪，柔和地松杆，然后收油门至45%。当地平仪的位置关系接近平飞时保持，使飞机稳定在平飞状态。

在预定高度上将无人机转平飞，应在上升至预定高度前10~20m时，开始改平飞。

4. 平飞转下降

飞行驾驶员注视地平仪，稍顶杆，同时收油门至15%。当地平仪的位置关系接近下降时保持，使无人机稳定在下降状态。

5. 下降转平飞

飞行驾驶员注视地平仪，柔和地加油门至45%，同时拉升降。当地平仪的位置关系接近平飞时保持，使无人机稳定在平飞状态。

在预定高度上将无人机转平飞，应在下降至预定高度前20~30m时，开始改平飞。

6. 平飞转爬升

飞行驾驶员注视地平仪，柔和地加油门至100%，同时稍拉杆转为爬升。当机头接近预定状态时保持，使无人机稳定在爬升状态，如图3-3所示。

图 3-3　爬升

爬升、平飞、下降转换时易产生的偏差：
1) 没有及时检查地平仪位置关系，造成带坡度飞行。

2）平飞、爬升、下降三种飞行状态变换时，推杆、拉杆方向不正，干扰其他通道。

3）动作过猛，操纵量大，造成飞行状态不稳定。

技能点 2　带飞低空通场

首先，控制无人机直线飞行，当接近转弯点前，稍向左摆副翼使无人机转弯半径加大。当无人机进入转弯点时，拉升降的同时，向右压副翼，油门稍向下拉，根据航线调整升降保持飞机高度，在无人机上升的过程中，向左压副翼，使其机翼摆平。

进入下一转弯，副翼向右压，油门稍往下拉，接着，反压副翼，摆平机身机翼后向前推升降，小幅度降低飞机高度。观察机翼是否水平，用副翼小幅度调整，推升降同时适当减速。接近地面 3~5m 后，确保油门处于怠速状态，并根据高度适当推拉升降杆，同时，保持副翼水平，并用方向舵摆正机头方向，使无人机向前，低空低速掠过跑道飞行。

技能点 3　带飞起降训练

1. 地面滑行

地面滑行主要由起降驾驶员执行，通过控制方向舵摇杆操纵固定翼滑行，无人机前轮的偏转保证了滑行转弯和修正跑道方向，如图 3-4 所示。

图 3-4　地面滑行

2. 起飞

起飞主要由起降驾驶员执行，节风门保持在100%，起降驾驶员使用遥控器控制无人机，向后拉升降杆，使机头抬升形成仰角，需保持俯仰角，如图3-5所示。

图3-5 起飞

首先，慢慢地推油门让无人机进行滑行动作，使无人机加速并保持充分的助跑距离，助跑距离较长时，将能够防止起飞之后的失速，因为可将动力有效地转化成起飞时所需的速度，同时也可以使下一个动作——爬升动作更为顺滑。

因为发动机慢速运转时的反扭力以及螺旋桨的气流效应等因素而造成无人机左偏的现象，前三点式机种可以忽略。如若发生左偏，向右压方向舵即可。

起飞过程中需保持俯仰状态，根据当时的飞行高度将俯仰角保持在理论值（如+2°），如俯仰角过高，应柔和地向前顶杆；如俯仰角过低，应柔和地向后带杆。爬升过程中如速度减小太多时，应迅速减小俯仰角；固定翼无人机爬升率过小时应柔和增大俯仰角。

大型、小型无人机爬升时油门较大，螺旋桨扭转气流作用强，左边力矩较大，必须适当操纵方向舵右偏。

固定翼无人机长时间爬升，发动机温度容易高，应适时定高飞行，待各指标正常后再继续爬升。当油门减小过快时，应停止爬升，转平飞另找时机爬升。

姿态遥控模式下操纵无人机爬升，无人机带左坡度时应柔和地回杆或向右压杆（副翼），反之亦然；无人机航线向右偏离时应柔和地向左扭舵（方向舵），反之亦然。

3．下降

下降主要由起降驾驶员执行；各高度下降均保持节风门在适当位置（如15%小油门）。

飞行驾驶员使用姿态遥控操控无人机保持俯仰角（如 –3°），如俯仰角高或低，应柔和地向前顶杆或向后带杆。

大型、小型无人机下降时，油门减小，螺旋桨扭转气流减弱，无人机有右偏趋势，必须适当操纵方向舵左偏。

无人机在遥控下降中，速度过大时，飞行驾驶员应该适当增加带杆量，减小下滑角。如俯角过小，应柔和地向前顶杆。

当无人机下降到距离地面 10m 时，应重点关注下降速度、姿态和空速。

技能点 4　复飞

当着陆条件不具备时，不应勉强着陆，应果断地进行复飞，如图 3-6 所示。

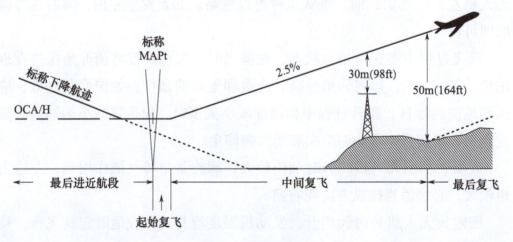

图 3-6　复飞示意图

1. 应复飞的情况下

1）飞行指挥员命令复飞时。
2）跑道上有飞机或其他障碍物影响着陆安全时。
3）高度低于 3m 还未进入跑道或目测过高、过低，未做好着陆准备时。
4）着陆航向偏差较大，且未及时修正时。
5）其他情况认为必要时。

2. 复飞操纵方法

1）决定复飞后，及时柔和地加满油门，保持好方向，同时柔和拉杆使无人机逐渐转入爬升，保持好爬升状态。
2）低高度复飞时，在加油门的同时应观察好前方地面。
3）复飞后，在 40°襟翼、起落架放下情况下，节风门保持 100%。
4）如需收襟翼时，因升力系数下降，飞机要下沉，应适当地拉杆。

技能点 5　单飞航线训练

单飞航线训练时教练不再参与飞行控制，控制权交到学员手中，所有飞行动作由学员控制。单飞航线需要学员在一定的实飞基础后，具有一定的应变能力，能够单独飞行航线并解决突发问题。单飞航线主要练习爬升转弯、直线飞行、起飞降落等。操作方法与带飞相同，但是需要学员注意无人机飞行姿态，及时给出调整动作，教练不再提醒打杆时机，操控完全由学员完成。

技能点 6　风中起降

1. 侧风起降

在航线飞行中，无人机因受侧风的影响产生偏流和改变地速，会使无人机偏离预定的轨迹。因此，第三转弯后，应使无人机航迹对正预定的第四转弯点，如无人机处于顺侧风时，地速增大，收油门下滑和进入第四转弯的时机均应适当提前，或适当增大第四转弯的坡度；如无人机处于逆侧风时，则相反。退出第四转弯后，应使无人机对正跑道中线，侧风较大时，也可将无人机位置稍靠近侧风方向的一侧。

下滑及着陆时修正侧风影响的方法有以下两种。

（1）用侧滑的方法修正

退出第四转弯后，应根据无人机偏离跑道的情况，判明偏流的方向及影响的大小，及时适量地向侧风方向压副翼杆形成坡度，并反打方向制止无人机转弯，使无人机纵轴与着陆标志线平行。当侧滑角与偏流角相适应时，无人机即对正跑道中线下滑。

下滑中由于各高度上的风向、风速可能不一致，因此，应经常检查下滑方向，及时改变修正量，始终对正跑道中线下滑。在用侧滑修正时，下降率增大，目测容易低，应适当加油门修正（消除侧滑后，应适当收小油门，防止目测高）。着陆时，应根据侧风影响的大小，在拉平中或即将接地时改平坡度，并适当地回舵，使无人机以两点姿势平稳接地。接地后，应及时向侧风反方向压舵，保持好滑跑方向。

（2）用侧滑与改变航向相结合的方法修正

修正侧风较大时，可用侧滑与改变航向相结合的方法修正。

采用这个方法时，退出第四转弯的时机应根据风向适当提前或延迟（左转航线飞行时，跑道右侧风提前，跑道左侧风延迟），以便退出第四转弯后，机头对向侧风方向的跑道边附近，形成一个航向修正角进行下滑，然后向侧风方向适当压杆并压反舵制止飞机转弯，形成一个侧滑角。当航向角和侧滑角与偏流角适应时飞机即沿着跑道中线的延长线下滑。若无人机还有偏离跑道中线的现象，应适当地增减侧滑角或航向角，直到无人机不再偏离跑道中线时为止。无人机即将接地时，将坡度改平，接地后，及时向侧风的反方向适当压舵，使无人机纵轴与跑道平行，保持好滑跑方向。

2. 大逆风起降航线

1）第三转弯时机应适当提前，以便第四转弯点距降落点比正常略近一些。第三转弯后，适当延迟下滑时机，进入第四转弯的高度应比正常风速时略高。

2）第四转弯后，地速减小，下滑角增大，下滑点应适当前移，并及时加大油门保持相应的速度下滑。

3）下滑速度较大，舵面效用较强，开始拉平的时机应此正常稍晚，拉杆动作柔和，防止拉飘。

4）拉平后，速度减小加快，平飘距离缩短。收油门时机要晚，动作要柔和。

5）平飘前段，速度较大，无人机下沉较慢，拉杆的动作应柔和，防止拉飘。

6）平飘中如遇气流不稳，无人机可能产生突然飘起、突然下沉、突然偏转等现象。此时必须审时度势，沉着地进行修正。

7）着陆后，地速减小快，制动不要太早。

3. 顺风起降航线

1）进入第三转弯的时机应适当延迟，转弯的角度应适当减小，使第四转弯点距着陆点的距离适当远一些。进入第四转弯的高度应比正常稍低，收油门下滑和进入时机应适当提前。

2）第四转弯后，地速增大，下滑角减小，下滑点应适当后移，下滑速度此正常小一些，收油门时机应该提前。

3）下滑速度较小，舵面效用较弱，在拉平过程中，拉杆动作应及时、适量，防止拉平低。

4）由于地速较大，平飘距离较长。在平飘过程中应判断无人机下沉的快慢，柔和地及时拉杆，防止拉飘和跳跃。

5）在着陆滑跑中，应及时制动，以免滑跑距离过长。

学习任务 3　五边航线飞行

起落五边航线，从上方俯视，其实是一个四边形航线图，虽然起飞与降落在同一跑道，但因其性质不同，所以称为五边航线，如图 3-7 所示。

五边航线由起飞、建立航线、着陆目视和着陆组成，分解动作为起降操纵和四边航线飞行。第一条边起飞，爬升，对准跑道中心；第二条边爬升转弯与跑道呈 90°；第三条边收油门至中位，定高并修正航线，使其与跑道平行；第四条边对正跑道保证正确的速度与下降速度；第五条边做出最后调整，保证角度下降速率，进场着陆。

由于无人机的遥控飞行多用于应急情况下，所以着陆目测和着陆是练习的重点，起落航线飞行，时间、动作多，各动作之间联系紧密，准确性要求高，因此必须严格要求，扎扎实实地训练好这一科目。

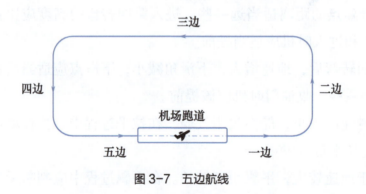

图 3-7　五边航线

技能点 1　建立航线

建立航线是无人机驾驶员根据机场或应急着陆场位置，操纵无人机沿规划的航线飞行，并保持规定的高度、速度，以便准确进行目测着陆的飞行过程。建立航线方法与应急航线步骤相同，起落航线飞行开始一转弯和结束四转弯的高度一般不得低于 100m。

建立航线内容：

1）检查飞行平台、发动机、机上设备的故障状态、油量、电量。

2）决定着陆场或迫降场。

3）决定控制方式。

4）决定飞行驾驶员、起降驾驶员交接时机。

5）决定起落架、襟翼收放时机。

6）如果条件允许，第一时间飞回本场上空。

技能点 2　着陆目测

驾驶员根据当时的飞行高度以及无人机与降落地点的距离，进行目测判断，操作无人机沿预定方向降落在预定的地点。无人机没有达到目测接地范围就接地的，叫目测低；超过这一范围才接地，叫目测高。

无人机的目测从起落航线的三转弯开始至无人机接地的全过程。无人机着陆目测必须重点决断着陆方向和三四转弯位置。其中，三转弯至四转弯改出阶段，称为概略目测阶段。当进入三转弯时就要进行着陆准备，三转弯的角度、时机、高度会对降落航线准确性产生很大影响，必须认真做好第三转弯。

1. 影响着陆的因素

着陆目测不仅受驾驶员对无人机操控的影响，还受风、气温、地形等因素的干扰。

（1）风对着陆目测的影响

逆风着陆时，第三转弯后，逆风使无人机逐渐远离着陆点；第四转弯后，逆风使无人机下滑与平飘距离缩短；顺风着陆时，则相反。

因此，逆风较大时，目测容易低（即容易提前接地）；顺风较大时，目测容易高（即容易推迟接地）。

（2）气温对着陆目测的影响

气温较高时，跑道上空上升气流明显，会使下滑与平飘距离增大。气温降低时则相反。因此，气温增高时目测容易高，气温降低时目测容易低。

（3）地形坡度对目测影响

上坡地形引起下滑线高（实际位置偏高）的错觉，容易导致实际下滑线低；下坡地形引起下滑线低（实际位置偏低）的错觉，容易导致实际下滑线高。

2. 目测偏差修正

（1）三转弯后修正目测的方法

第三转弯后至第四转弯前的飞行中，主要根据无人机能否对正预定的第四转弯点，保持预定的高度来判断与修正目测。

（2）航迹修正

第三转弯后，如高度正常而航迹未对正预定的第四转晚点，靠近或远离着陆点，表明目测高或目测低，应向航线外侧或内侧转一个角度，进行修正。

（3）高度修正

第三转弯后，如无人机航线正常，而高度高于或低于四转弯时的预定高度，转入下滑时机应提前或延迟。下滑时，如高于预定高度，应及时收小油门，必要时可收至20%，增大下滑角；反之，则适当地加大油门，减小下滑角。

（4）四转弯时修正目测的方法

遥控无人机进入四转弯时，如无人机接近跑道延长线较快，而转弯剩余角减小较慢时，表明进入晚，应立即协调地增大坡度和转弯角速度；反之，则应适当减小坡度。

1）目测修正：目测过低时，应在加大油门的同时适当增加带杆量，减小下滑角，必要时可平飞一段；目测过高时，修正方法相反。

2）油门控制：修正目测加、收油门的量，主要根据偏差大小和当时的气象条件。偏差大，加、收油门量相应大一些；反之，则小一些。

3）风速较大或气温低时，如目测低，加油门量相应大些，如目测高，收油门量则不应多。在下列情况下，收油门的时机应适当延迟，收油门的动作应适当减慢：

①实际下滑点在预定下滑点后面。
②高度低于预定高度。
③速度小、下沉快。
④逆风大。

若情况相反,则收油门的时机应适当提前,收油门的动作适当加快。

技能点 3　着陆五阶段

无人机从一定高度(无人机 10m,有人机 25m)下滑并降落于地面,直至滑跑停止的运动过程称为着陆。无人机着陆的过程包括下滑、拉平、平飘、接地、着陆滑跑五个阶段,如图 3-8 所示。

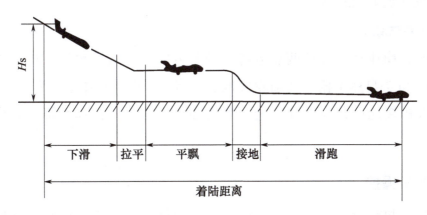

图 3-8　着陆五阶段

> **注意**:姿态遥控下的拉平,并不是将姿态保持到 0,而是将升降速度控制为 0。

1. 着陆五阶段

(1)下滑

遥控无人机进入下滑后,下滑至 10m 高度,保持下滑角,判断无人机的高度和接近地面的速度,以便及时开始拉平。

当下滑线正常时,如速度大,表明目测高,应适当收小油门;反之加大油门。

（2）拉平

下滑至 3m 开始拉平，根据无人机离地的高度，下沉的快慢和无人机状态相应地柔和拉杆，使无人机随高度的降低，逐渐减小仰角，减小下降率。

（3）平飘

在 0.5m 高度上转入平飘应稳住，判明离地高度，根据无人机下沉快慢、俯仰角的大小和当时的高度相应地柔和拉杆。

平飘前段，速度较大，下沉较慢，拉杆量应小一些；平飘后段，速度较小，下沉较快，拉杆量应适当增大。

（4）接地

0.2m 高度转入接地。随着无人机的下沉，继续柔和拉杆，成两点接地姿势，使主轮轻轻接地。

（5）着陆滑跑

接地后稳住杆，保持两点姿势，控制方向舵，保持滑跑方向，随速度的减小，机头自然下俯，待前轮接地后，将升降舵推过中心位置。

无人机接地后，为保证安全一般将油门收为零，待速度降到安全范围内制动。

2. 着陆操控

着陆是起落航线飞行的最重要一环。要做好着陆，就应当正确地观察地面关系、掌握好收油门动作和准确地把无人机拉平。

（1）正确观察地面关系

着陆时，无人机的高度、速度、状态、下降率等随时都在变化，只有正确地观察地面关系，才能判明这些变化的情况，给出相应的打杆动作，做好着陆。

1）判断高度、下沉情况、飞行状态和运动的方向，同时了解速度和目测的情况。

2）按照规定的时机，观察地面关系，切忌乱变。

3）起降驾驶员站姿端正，应将外部控制盒放于腰部高度，不要抱于胸前。

（2）掌握好收油门动作

掌握好收油门的动作，既是为了准确地做好目测，也是为了逐渐减小飞行速度，配合拉平动作，使无人机以正常的速度和状态转为平飘。

1）收油门的基本要领是：适时、柔和而均匀。

2）收油门过早、过粗，速度减小快，使拉平时的速度小，无人机下沉快，容易拉平低或者进入平飘时仰角较大。

3）收油门过晚、过细，速度减小慢，使拉平时的速度大，无人机下沉慢，容易拉平高或者进入平飘时仰角较小。

根据飞行体会，收油门时应做到：

1）收油门时机不要晚，早一些比较主动，可以慢慢收，也可停一停再收。

2）收油门的过程要拉长一些，拉长了可以使动作柔和，使速度减小均匀，有利于做好着陆。

3）收完油门的时机要准确，保证无人机以正常速度和正常状态转为平飘。目测正常时，通常是在结束拉平时收完油门。

（3）准确地将无人机拉平

实践证明，掌握拉平动作，整个着陆就比较容易学会了。

1）开始拉平的时机根据无人机俯仰角的大小和下降的快慢而定；如果拉平前飞机仰角大、下降快，拉平时机应稍早一些；反之，应稍晚一些。

2）拉平过程中，拉杆的快慢和分量，必须与当时的离地高度、下降快慢和飞行状态相适应。下降快，拉杆亦应快一些；反之，应慢一些。

3）正确地拉平动作，必须按照实际情况，主动地、有预见性地、机动灵活地去操纵无人机。

3. 着陆偏差修正

（1）产生着陆偏差的主要原因

1）精神过分紧张，对着陆存有顾虑，因而注意力分配不当，操纵动作犹豫不适量。

2）着陆条件不好。

3）转移视线看地面的时机、角度、距离不固定、不正确。

4）其他如机械拉杆、粗猛拉杆都会造成着陆偏差。

（2）着陆偏差的修正

1）修正拉平高的方法。

①拉平过程中，发现有拉高的趋势，应停止拉杆或减小拉杆量，让无人机下沉。

②拉平高时，如果飞机随即下沉，应稳住杆，待无人机下沉到一定高度时，再柔和拉杆。

③拉平高在 3m 以上，又未能及时修正，应进行复飞。

2）修正拉平低的方法。

①拉平过程中，发现有拉低的趋势，应适当地增大拉杆量。

②拉平低，但高度在 0.3m 以上时，可按正确方法着陆。

③如果无人机下沉较快，以较小的两点姿势接地时，应注意稍拉住杆，以保持两点姿势，防止前轮撞地。

④如结束拉平过低且速度较大时，应适当地多拉一点杆，避免三点接地。

3）修正拉飘的方法。拉飘是指在拉平或拉升过程中，无人机向上飘起的现象。

①发现拉飘时，应立即柔和推杆制止无人机继续上飘。

②制止无人机上飘后，应迅速判明高度，然后根据具体情况拉杆或推杆。

4）修正跳跃的方法。跳跃是指无人机接地后跳离地面的现象。

①无人机跳离地面时，应稳住杆，迅速判明离地的高度和无人机状态。

②如果无人机跳跃没有超过 0.5m，且仰角不大时，应轻拉住杆，待无人机下沉时，正常着陆。

③跳离地面的高度有超过 0.5m 的趋势或仰角过大时，应立即适当地推杆或松杆，不使无人机跳起过高或仰角过大。

④如果修正侧风不当带偏流接地的跳跃时，除按跳跃处理外，还应向偏流的反方向（即侧风方向）适当压坡度，并轻打反舵，避免重新带偏流接地。

学习任务 4　地面控制站飞行

地面控制站是无人机系统的"大脑",可对飞行器的飞行过程、飞行航迹、有效载荷的任务功能、通信链路的正常工作,以及飞行器的发射和回收进行操控。

知识点 1　Mission Planner 地面控制站安装与介绍

固定翼无人机种类较多,使用到的飞控也不同,支持飞控的地面控制站也不同,地面控制站软件的选取需要根据固定翼飞控及惯导的种类决定。下面以 Mission Planner 地面控制站为例进行介绍。首先按下述流程安装 Mission Planner 地面控制站。

Mission Planner 地面控制站安装流程	
(1)搜索"Mission Planner"并找到官网	
(2)打开官网,找到"Mission Planner"选项	

（续）

Mission Planner 地面控制站安装流程	
（3）根据自己需要选择相应的安装包，下载保存并解压	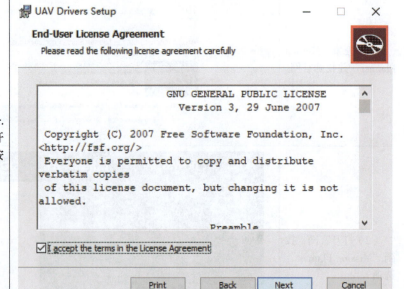
（4）选择driver.msi文件并下载，开始安装驱动程序，按照提示单击Next	

（续）

Mission Planner 地面控制站安装流程

（5）选定文件安装位置 注意：选择安装 Mission Planner 地面控制站位置时，文件夹只能用英文命名	
（6）单击"Install"，进入程序安装阶段	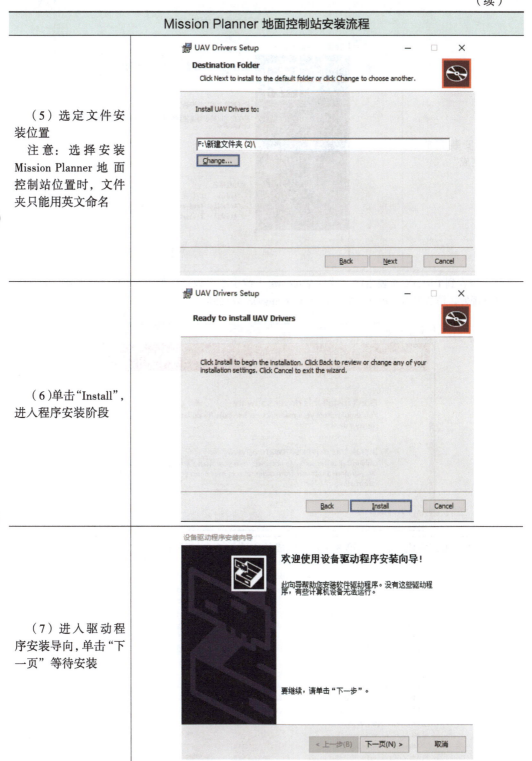
（7）进入驱动程序安装向导，单击"下一页"等待安装	

（续）

Mission Planner 地面控制站安装流程

| （8）安装完成后单击"完成" | 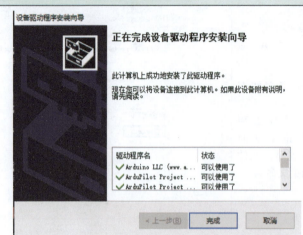 |

如果您收到 DirectX 安装错误，请到 Windows 下载中心下载对应的 DirectX 插件更新。如果收到以下警告，请选择 Install this driver software anyway 以继续

（9）驱动安装完成后，找到第 3 步解压完成的文件，单击打开即可

名称	修改日期	类型	大小
MissionPlanner.Comms.pdb	2022/3/16 17:47	PDB 文件	37 KB
MissionPlanner.Controls.dll	2022/3/16 17:47	应用程序扩展	299 KB
MissionPlanner.Controls.pdb	2022/3/16 17:47	PDB 文件	75 KB
MissionPlanner.Drawing.dll	2022/3/16 17:47	应用程序扩展	249 KB
MissionPlanner.Drawing.pdb	2022/3/16 17:47	PDB 文件	103 KB
MissionPlanner.exe	2022/3/16 18:16	应用程序	8,429 KB
MissionPlanner.exe.config	2022/2/19 20:07	CONFIG 文件	13 KB
MissionPlanner.HIL.dll	2022/3/16 18:16	应用程序扩展	24 KB
MissionPlanner.HIL.pdb	2022/3/16 18:16	PDB 文件	17 KB
MissionPlanner.Maps.dll	2022/3/16 17:47	应用程序扩展	2,884 KB
MissionPlanner.Maps.pdb	2022/3/16 17:47	PDB 文件	41 KB
MissionPlanner.pdb	2022/3/16 18:16	PDB 文件	806 KB
MissionPlanner.Strings.dll	2022/3/16 18:16	应用程序扩展	36 KB
MissionPlanner.Strings.pdb	2022/3/16 18:16	PDB 文件	13 KB

1. 基础界面

Mission Planner 地面控制站的基础界面如图 3-9 所示。

图 3-9　Mission Planner 地面控制站基础界面

2. 飞行数据

飞行控制面板可以查看飞行状态、遥测数据、飞行控制等飞行数据。Mission Planner 飞行控制面板如图 3-10 所示。

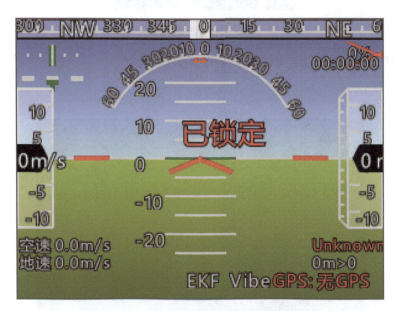

图 3-10　Mission Planner 飞行控制面板

- 左侧一栏显示空速地速。
- 右侧一栏显示相对高度。
- 上面显示的为航线信息。
- 中间为地平仪。

遥测数据面板用于显示遥测数据，如图 3-11 所示。

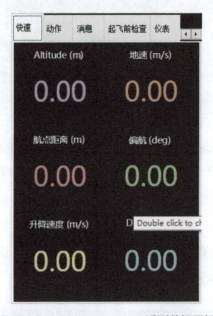

图 3-11　Mission Planner 遥测数据面板

飞行状态面板可以显示飞行器的位置及航向、经纬度、高度等信息，如图 3-12 所示。

图 3-12　Mission Planner 飞行状态面板

飞行计划：航点、航线任务规划页面如图 3-13 所示。

图 3-13　Mission Planner 航线规划

3. 初始设置

外部硬件设置（电台、遥控器、相机等），如图 3-14 所示。

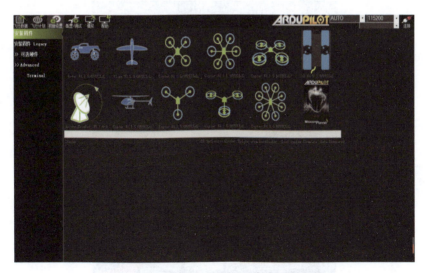

图 3-14　Mission Planner 外部硬件设置

4. 配置 / 调试

高级指令控制，如图 3-15 所示。

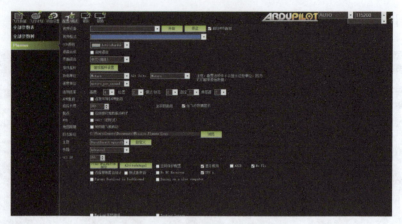

图 3-15 Mission Planner 高级指令控制

5. 清除飞行轨迹

有时在测试时我们希望清除地图中的飞行轨迹,在"飞行数据"页面左下方的"动作"页面,单击"清除轨迹"按钮即可,如图 3-16 所示。

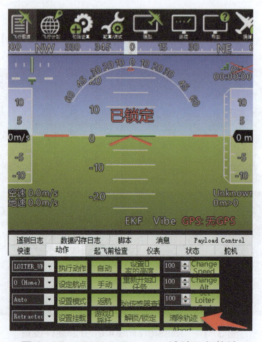

图 3-16 Mission Planner 清除飞行轨迹

打开和关闭语音:"配置调试"→ Planner →"语音合成",勾选"启动语音",然后后面会出现可选择的语音播报项目,按需勾选即可,如图3-17所示。

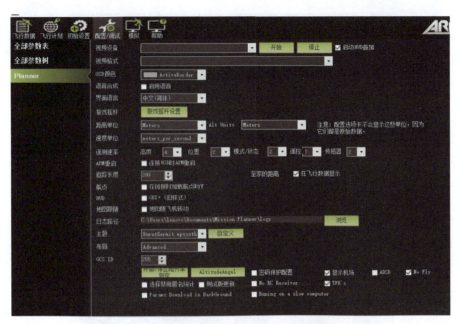

图 3-17 Mission Planner 语音设置

自定义姿态窗口下面的标签页：姿态窗口下面的标签页有的基本用不到，可以自定义关闭。将鼠标放到任一标签页上，右键单击，选择"Customize"，在弹出的窗口中取消勾选相应标签页即可，如图 3-18 所示。

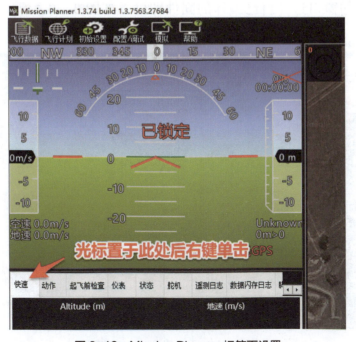

图 3-18 Mission Planner 标签页设置

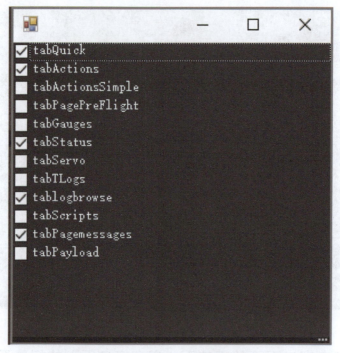

图 3-18 Mission Planner 标签页设置（续）

烧写自定义固件：可以使用 Mission Planner 向飞控中烧写自己编译的固件，步骤如下："初始设置"→"安装固件"→"加载自定义固件"，然后在弹出的窗口选择自己编译的固件即可，如图 3-19 所示。

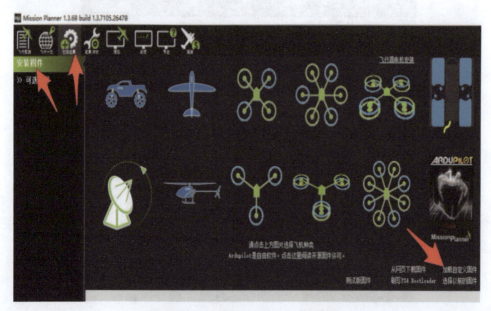

图 3-19 Mission Planner 烧写固件

实时查看各个电动机的输出:在姿态窗口的下方,切换到"状态"标签页,其中 ch1out 对应的是 1 号电动机的输出,ch2out 对应 2 号电动机,以此类推,如图 3-20 所示。

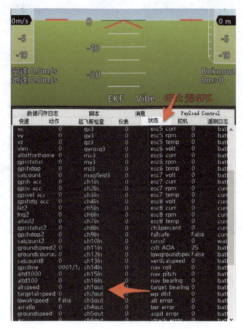

图 3-20　Mission Planner 查看电动机输出

查看飞控固件版本号:使用 USB 或者数传电台连接飞控后,如图 3-21 所示,在 Mission Planner 顶部标题栏中,会显示 Mission Planner 和飞控固件各自的版本号。

图 3-21　Mission Planner 版本号查看

批量删除多个连续航点，如图 3-22 所示。如果要批量删除多个连续航点，方法与在 Windows 下删除多个连续文件一样，步骤如下。

图 3-22　Mission Planner 批量删除航点

1）选中第一个要删除的航点序号。

2）按住键盘上的"Shift"键不放，选中最后一个要删除的航点的序号。

3）按一下键盘上的"Delete"键。

切换地图：Mission Planner 支持多种地图，比如"必应卫星地图""高德卫星地图"等，现在用的最多的还是"必应卫星地图"，切换地图的方法如下。

1）打开"飞行计划"页面。

2）在右侧下拉列表中选择打算选用的地图。

3）缩放一下左边的地图，或者重启一下 Mission Planner，地图就更新了，这时"飞行数据"页面的地图也会变为刚才修改的地图，如图 3-23 所示。

图 3-23　Mission Planner 更换地图

知识点 2　地面控制站连接与上载

1.USB 直接连接

使用 micro USB 数据线直接连接 pixhawk 飞控（图 3-24）。一般用于无人机调参。

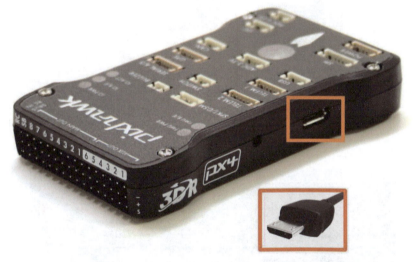

图 3-24　pixhawk 飞控

选择 PX4 FMU 的端口，连接飞行器，波特率选 115200，如图 3-25 所示。

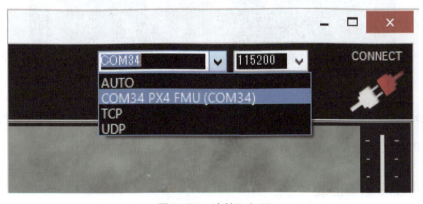

图 3-25　连接飞行器

普通常见的数传，实际也是通过 USB 连接，一般数传的地面接收端（图 3-26）都内置了 USB 转串口芯片，地面控制站选择特定端口号连接飞行器，波特率一般都是 57600，如图 3-27 所示。

图 3-26 数传地面接收端

图 3-27 Mission Planner 连接飞行器

TCP 连接：一些网络 TCP 串口设备使用；CUAV 暂时无 TCP 串口设备。

UDP 连接：PW-LINK 和 WtrLINK 采用的就是这种通信方式。

2. 航线规划与上载

1）打开 Mission Planner 软件，菜单栏上选择飞行计划界面，首先选择需要加载的地图，一般情况下选择必应混合地图。

航点的信息如下。

WAYPOINT：是默认的航点命令。

Lat：经度。

Long：纬度。

Alt：海拔。

删除：删除航点。

向上：改变航点的顺序。

向下：改变航点的顺序。

Angle：爬升的角度。

距离：与上一个航点的距离。

2）连接无人机与地面控制站。

3）编辑航线任务。

4）上传航线。

知识点 3　地面控制站飞行与应急处置

1. 地面控制站飞行

1）连接电台，开启地面控制站。

2）在地图上，单击鼠标左键，创建航点，编辑航点信息。

3）单击地面控制站连接，连接飞行器与地面控制站。

4）检查无人机各部件结构，包括地面控制站飞行数据显示。

5）执行飞行任务。

2. 应急处置

无人机地面控制站操作时 GPS 丢星故障或自动驾驶仪出现故障时，应转为手动操控，升高无人机，看地面控制站无人机数据显示，手动拉回无人机。或者使用地面控制站自动返航，开伞迫降，记录无人机最后坐标，根据坐标找回无人机。

能力模块四
无人直升机飞行

学习任务 1　无人直升机飞行安全与应急操作
学习任务 2　无人直升机基础飞行
学习任务 3　无人直升机进阶飞行
学习任务 4　无人直升机地面控制站飞行

无人直升机是一种由一个水平旋转的旋翼提供升力和推进力而进行飞行的航空器，无人直升机具有大多数固定翼无人机所不具备的垂直升降、悬停、小速度向前或向后飞行的特点。无人直升机的操控在无人机领域是属于操控复杂度较高的。当无人直升机在悬停飞行时，所有舵面的操控几乎都在同步修舵控制，所以对各舵面的特性功能必须了解清楚。

能力目标

- 了解无人直升机飞行安全，能够对突发情况作出判断并执行应急操作。
- 了解无人直升机基础飞行动作，熟练掌握无人直升机起飞降落、悬停、自旋动作、平飞、跃升、俯冲等动作。
- 掌握无人直升机圆形航线、水平8字动作。
- 了解无人直升机地面控制站相关功能，熟练掌握无人直升机地面控制站航线编辑及使用。

素养目标

- 学习掌握无人直升机的飞行技术及应急处置，提高实际动手能力，提升应对复杂情况的应变能力。
- 通过学习掌握无人直升机地面控制站的使用，提升勇于获取高新知识的能力，激发创新热情。

能力模块四　无人直升机飞行

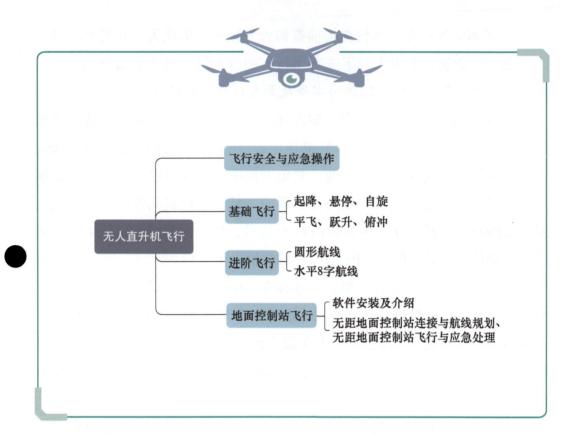

学习任务 1　无人直升机飞行安全与应急操作

知识点 1　无人直升机飞行安全

在无人直升机的旋翼和尾桨所造成的事故中，受伤人员包括飞行人员、现场旁观人员。无人直升机事故不同于其他事故，对人们造成的伤害是非常严重的，甚至是致命的。因为旋翼和尾桨在低功率甚至慢车转速时都能造成人员伤亡。无人直升机飞行时旋转的旋翼和尾桨极其危险，在操作时应保持高度警惕。

不同的无人直升机性能不同，在进行无人直升机实飞时，首先要了解无人直升机的性能，对周围环境进行评估，是否符合飞行要求。

1）详细了解无人直升机飞行手册，按照飞行手册指导飞行，在无人直升机运动极限内操控无人直升机，请勿过载使用。

2）了解天气状况，飞行前提前查询天气预报，确认天气状况是否满足飞行条件。请勿在恶劣天气下进行飞行，如遇大风（风速五级及以上）、雨雪雾等天气禁止飞行，以确保本身及无人直升机的安全。

3）无人直升机飞行时具有一定的速度，场地的选择也相对重要，必须注意周围有没有人、高楼、建筑物、高压电线、树木等，飞行时需要选择开阔、周围无阻挡的场所作为飞行场地，避免操控不当造成自己及他人财产的损失。确保无人直升机周围区域内无散落的工具、杂物或其他可能被下洗气流吹起的物体。高大建筑物会遮挡 GPS 信号，导致飞行器定位效果变差甚至无法定位，务必确保在 GPS 信号良好的情况下飞行。

4）确认飞行空域进行了申报，选择在空旷合法的区域飞行，飞行前应在地图上对飞行区域进行初步了解，选择一个开阔无遮挡的场地进行飞行。遵守当地法律法规，未经批准不要在禁飞区飞行，例如机场、部队驻地（包括演习区域）、特殊机构驻地、政治中心区域以及超高楼、电视塔、变电站等地方。

5）飞行前，要确认是否有相同频率的飞行器正在进行飞行，避免发生频率干扰。

6）无人直升机在学习初期有着一定的难度，要尽量避免独自操控，需有经验的教练在旁边指导才可以操控飞行。除了具备较强的飞行安全意识，驾驶员自身的心理素质、技术功底、飞行经验也是保障无人直升机安全飞行的重要因素。驾驶员需时刻保持对飞行器的控制，特别是在飞行器有一定速度时，双手不要离开遥控器。过于疲劳，精神不佳或不当操作，发生意外风险将可能会提高。

知识点 2　无人直升机飞行检查

在操控无人直升机飞行前，应对无人直升机的各个部件做相应的检查，防止意外发生。在检查无人直升机、地面通信、操作系统（地面控制站）工作是否正常的基础上，还需对各机械结构连接件进行检查。

1. 机械结构

1）检查机械部分相关零部件的外观是否完整，有无裂纹。

2）检查螺旋桨是否完好，表面是否有污渍和裂纹等（如有损坏应更换新螺旋桨，以防止在飞行中无人直升机振动太大导致意外）。检查安装是否紧固，用手转动螺旋桨，查看是否有螺钉太紧导致螺旋桨有旋转不顺畅等问题。

3）检查机架是否牢固，螺钉有无松动现象。

4）检查无人直升机的重心位置是否正确。

2. 电子部分

1）检查各个电子设备连接顺序是否正确，是否安装牢固。

2）检查各电线外皮是否完好，有无刮擦脱皮等现象；插头是否紧密，插头焊接的部分是否有松动、虚焊、接触不良等现象。

3）检查电子罗盘、IMU等的指向是否和无人直升机机头指向一致。

4）检查无人直升机电池有无破损，安装是否正确，电池电量是否充足。

5）检查舵机位置是否正确，螺旋桨尾桨电动机转向是否正确。

3. 遥控器检查

1）检查遥控器操控模式（美国手、日本手、中国手等）设置是否正确。

2）检查各键位是否复位、天线位置、各遥控微调是否为"0"。

3）检查遥控器电池电量是否充足。

4）上电前油门位置处于最低位，上电后检查信号连接情况。

4. 通电检查

1）给地面控制站、遥控、无人直升机通电，电量是否充足。

2）检查电调指示音是否正确，飞控模块是否正常启动，LED指示灯闪烁是否正常，确认GPS定位定向正常。

3）打杆测试。通过依次打杆，检查无人直升机部件响应是否正确。

5. 降落后检查

1）无人直升机平稳降落后，立即锁定无人直升机，断开电源。

2）检查无人直升机外观是否有破损，各电子元件是否正常，线材连接有无松动有无过热情况。检查旋翼部分，是否有虚位。

3）整理设备，将设备放回设备箱。

6. 特别注意事项

1）严禁室内、室外带桨手持测试。

2）严禁近身起飞，无人直升机起飞请务必保持距离 3m 以上。

3）严禁地面突然急推油门起飞，避免无人直升机姿态出错撞向人群。

4）严禁测试驾驶员外其他人员擅动无人直升机，避免误操作导致意外发生。

5）严禁降落后桨未停转或未自锁拿起无人直升机，务必保证无人直升机自锁后再行移动。

知识点 3　无人直升机应急操作处置

1. 地面共振

无人直升机地面共振就是无人直升机在地面工作状态时发生旋翼与机体自激振动。这种振动一旦发生，振幅在几秒内便可达到十分激烈程度，常常造成桨叶折断，机身翻倒。

处置方法：如若发生地面共振，当旋翼的转速较低时，应立即关闭油门，总距（油门舵）到底。当旋翼的转速处于正常范围内时，应提升总距将无人直升机飞离地面，等旋翼恢复正常相位后再着陆。

2. 动态翻滚

在无人直升机正常起飞至悬停状态，悬停至着陆状态，斜坡起降以及有倾斜角或侧风起飞时，无人直升机均有可能绕一侧接地的脚架转动，反压副翼也无法改出，无人直升机将继续滚转。

在斜坡上进行起飞和着陆时，过多使用副翼（向上坡方向压副翼）和总距操纵可能导致下坡方向的脚架抬起，超过副翼横向控制极限，可能发生向上坡方向的滚转。

当下坡方向的滑橇位于坡面时，过多使用副翼（向下坡方向压副翼）可能导致上坡方向的脚架抬起，超过横向控制极限，此时可能发生向下坡方向的滚转。

处置方法：在平整且坚硬的地面上起飞降落，柔和控制杆量。在起降阶段少动副翼杆，降落前控制无人直升机保持平衡，缓慢柔和下降。在出现翻滚时根据翻滚方向反压副翼，判断副翼杆量。当无人直升机形成向一侧滚转的趋势后而且倾斜角没有超过临界值时，驾驶员应缓慢柔和下拉总距，靠无人直升机自身重量克服滚转趋势。

3. 丧失尾桨效应

主旋翼旋转产生的扭矩造成无人直升机机身向反方向旋转，尾桨反扭矩系统提供的推力抵消该扭矩，并在无人直升机悬停时提供方向控制。如果尾桨产生的推力比抵消主旋翼扭矩所需要的推力要大，无人直升机将会偏航或围绕垂直轴向旋翼旋转方向转动；如果尾桨推力较小，则反之。通过改变尾桨产生的推力，驾驶员控制无人直升机在悬停和低速飞行时的方向。驾驶员的操作、旋翼旋转时产生的翼尖涡流以及风都会对尾桨的推力产生影响，甚至会使尾桨丧失效应，最终造成无人直升机发生没有预期的偏转。

处置方法：确保尾桨装配符合安装要求。如果意外右偏，应该向左压方向舵，同时向前推杆增加速度，如果高度允许，减小功率来减少主旋翼的扭矩。有效改出后调整操纵，正常向前飞行。如果不能停止旋转，并且即将撞地，应立即转入自旋。

4. 涡环状态

涡环是无人直升机出现功率下降时的一种危险状态，此时增加无人直升机功率还不能制止下沉，如操作不当，会导致无人直升机抖动摇晃，严重时操纵失控导致"炸机"。

产生涡环时，桨尖涡环消耗无人直升机发动机的功率，但不产生升力。

处置方法：在无人直升机下降时保持较小的下降率，向前推杆来获得空速，脱离涡环区；如果情况严重，先放下总距（油门舵）进入自旋，摆脱涡环，然后再向前推杆获得空速。

学习任务 2 无人直升机基础飞行

无人直升机在空中有六个自由度，即沿 x、y、z 三个轴的移动和绕这三个轴的转动。在正常飞行时，无人直升机处于一种平衡状态，作用在它上面的力和力矩之和应该等于零。若要改变无人直升机的飞行状态，必须对它进行操纵，改变作用在无人直升机上的力和力矩，即打破原来的平衡状态，建立新的平衡状态。以单旋翼无人直升机为例，要使无人直升机沿 y 轴运动，就必须改变旋翼拉力的大小，当拉力大于无人直升机所受重力时，无人直升机就上升，反之，无人直升机则下降。无人直升机的纵向运动是通过改变旋翼拉力的方向来实现的。当拉力前倾时，产生向前的分力，无人直升机向前运动，同时拉力还对无人直升机产生一个俯仰力矩，使无人直升机绕横轴低头转动。当拉力后倾时，无人直升机向后运动，并绕横轴抬头转动。同理，控制拉力的横向倾斜，可以实现无人直升机的横向移动和滚转运动。单旋翼无人直升机的航向是通过改变尾桨的推力（或拉力）来操纵的，当改变尾桨推力（或拉力）的大小时，尾桨推力（或拉力）对无人直升机重心的力矩与旋翼反扭矩不再处于平衡状态，无人直升机就绕 y 轴转动，改变无人直升机的航向。

技能点 1 起降练习

1. 起飞

无人直升机从开始增加旋翼转速到离开地面，并爬升到一定高度的过程称为起飞。

> 动作要求

控制无人直升机垂直上升，达到目视高度悬停。

无人机实操技术

> **操控要点**

垂直起飞时，驾驶员在解锁油门后，应柔和地上推总距（油门舵）。因速度增加，旋翼反扭矩增加，无人直升机可能出现向左旋转，必须关注无人直升机的水平姿态，应及时反向修正偏差，防止出现较大范围的移动或转向。特别要注意：修正动作要及时，杆量要小。

> **注意：**
> 1）驾驶员不应以垂直上升作为主要的飞行方式。由于垂直上升的无人直升机稳定性和操控性较差，如果不是任务和战术需要，不应把垂直上升作为主要获得飞行高度的方式，可以采用沿斜平面爬升的方法，达到增加高度的目的。垂直上升阶段，驾驶员操杆动作应更加柔和，各摇杆的操控要协调。
> 2）垂直上升中，保持无人直升机状态比较困难，驾驶员不容易判断无人直升机的运动和状态变化。驾驶员应关注飞行状态，操杆动作应更加柔和，各摇杆的操控要协调。
> 3）垂直上升时，要注意避开无法自旋降落的回避区。

2. 降落

无人直升机从一定高度下滑、消速并降落于地面，直到旋翼停止转动的过程称之为降落。

> **动作要求**

控制无人直升机垂直下降，接触地面后，锁住螺旋桨及油门。

> **操控要点**

垂直降落时，驾驶员在操控无人直升机完成下滑、消速动作后，应柔和地下拉总距（油门舵），使旋翼拉力小于无人直升机重力。转速降低，旋翼反扭矩减小，无人直升机可能出现向右偏转，必须关注无人直升机的水平姿态，及时反向修正偏差，防止出现较大范围的移动或转向。

> **注意：**
> 1）在垂直下降过程中要注意下降速度，防止下降率过大。在离地 0.5m 以下，应以不大于 0.25m/s 的速度下降接地，接地后应及时关闭油门。
> 2）驾驶员不应把垂直下降作为主要的飞行方式，在高空飞行下降时可以结合俯冲式下降。

无论是起飞还是降落，都需要在掌握基础飞行动作之后开始练习。练习起降时需要牢记：

轻控油门，柔和起降；判断姿态，及时修正；小杆量修正，严禁错舵打死舵。

技能点 2　悬停练习

无人直升机在一定高度上，保持高度、航向、位置不变的飞行状态叫悬停，悬停是无人直升机特有的飞行方式之一。四位悬停是指操控无人直升机在对尾、对头、对左、对右状态时实现悬停。

动作要求

垂直上升后，到目标高度悬停，每个方向悬停不少于 15s。

操控要点

在做悬停练习时，应保持无人直升机航向不变，驾驶员应密切关注无人直升机的机头朝向，根据其变化状态及时修正航向。在转换悬停方向时，应注意操控摇杆修正姿态，防止产生较大位移。

需要特别注意的是，顺风、逆风、左右侧风对无人直升机悬停的影响是不一样的。

顺风悬停时，无人直升机受到风的作用会向前位移，驾驶员应及时向后带杆，防止位移。

逆风悬停时，无人直升机受到风的作用会向后位移，驾驶员应根据飞行状态适当推杆，保持悬停状态。

侧风悬停时，无人直升机会沿风的去向发生位移，应及时向风来的方向压杆扭舵。对于顺时针旋转的无人直升机来说，右侧风明显使无人直升机状态不稳，甚至引起无人直升机抖动，因此顺时针旋转的无人直升机不适合在大右侧风的环境中悬停。

技能点 3　自旋练习

操控无人直升机在悬停的基础上绕无人直升机重心完成 360° 旋转的过程称为自旋。

动作要求

垂直上升，到目标高度悬停，开始自旋，每圈不少于 10s，自旋过程中不能离开中心桶 1m。

操控要点

在自旋过程中，旋转速度匀速，不能产生停滞，稳住方向舵同时要注意油门杆的操作，保持好自旋高度。在风速不大的情况下，无人直升机可做顺时针、逆时针自旋。关注机身姿态变化，防止产生较大位移。在结束自旋前，应根据角速度的大小及时收舵或提前反舵制止旋转。

在自旋操控方向舵时，会改变无人直升机尾桨的桨距，引起尾桨所需功率的变化，将会使旋翼和尾桨的功率重新分配，影响旋翼拉力的大小，需要适当上提总距杆。

在有风悬停时驾驶员需要时刻关注飞行姿态。例如，在逆风环境中，无人直升机做 360° 自旋，在悬停状态时受到逆风影响向后位移；当无人直升机从悬停进入左自旋，机头方向由对尾转换成对左的过程中，风向转变成右逆侧风、右侧风的过程；转过对左状态后风向变成右顺侧风；转到对头时，风向转变成顺风；转过对头状态后，风向转变成左顺侧风；转到对右后转变成左侧风;当无人直升机在回到对尾状态时又遇到左逆侧风。可见在自旋过程中,无人直升机受到风的影响状态是时刻变化的,此时就需要驾驶员根据姿态变化做出相对的打杆响应,以防止发生位移。

技能点 4　平飞练习

平飞是指无人直升机在同一高度下,做水平直线飞行的运动状态。平飞动作训练包含四边航线飞行、十字航线飞行等。

动作要求

驾驶员操控无人直升机垂直上升,到达预定高度后,按照前进、后退、前进、左右平移(十字航线)或前进、左右、后退、左右平移(四边航线)的形式完成水平移动飞行。每个转折点悬停 5s,整个飞行过程中无人直升机的高度不得有明显变化。然后,依次练习对尾、对侧与对头的水平移动。

操控要点

在平移过程中,移动速度均匀,不能出现无人直升机停滞现象,移动过程注意油门杆的操作,保持好悬停高度,在移动过程中修正偏差,保证移动路线规范。

技能点 5　跃升练习

无人直升机以较大的爬升角做减速爬升的过程称为跃升。跃升可分为进入阶段、中间阶段和改出阶段。无人直升机的中间跃升阶段与固定翼不同,无人直升机的跃升不是直线。

动作要求

驾驶员控制无人直升机垂直上升,达到目视高度悬停,上提总距(油门舵)的同时向前推升降,形成上升趋势。根据机头变化状态适当向后拉杆,保持上升状态,减速推杆,改出跃升。

> **操控要点**

垂直起飞时，驾驶员在解锁油门后，应柔和地上推总距（油门舵）。

进入阶段，略微上提总距，在保持总距杆位置不变的情况下，匀速地向前推杆，产生跃升角。推杆时应柔和，切忌粗猛，防止俯仰角速度过大过快。

跃升阶段，由于速度减小，旋翼桨盘的后倒角减小，对无人直升机产生下俯力矩，使无人直升机低头，为了保持俯仰状态，应逐渐增加拉杆量，并保持航向不变。

当速度减小时，匀速推杆，改出跃升，改出后注意修正飞机状态。

> **技能点 6　俯冲练习**

无人直升机沿向下倾斜的轨迹向下做加速飞行称为俯冲，俯冲是下滑中典型的机动动作。俯冲是跃升的逆过程，可以分为进入阶段、俯冲阶段与改出阶段。

> **动作要求**

驾驶员控制无人直升机飞行到预定高度，向前推升降舵形成俯仰角，使无人直升机进入俯冲阶段，控制升降下俯的同时稍下放总距杆并保持，在即将到达预定转出高度时稳住高度，后拉升降杆，调整俯仰角。

> **操控要点**

进入俯冲前，注意调整无人直升机的飞行速度，以免速度过快。向前推升降时注意俯仰角度，防止角度过大。进入俯冲阶段，前推升降下放总距的同时，注意关注无人直升机的俯仰状态。俯冲过程随着速度增加，由于旋翼桨叶的自然挥舞作用，无人直升机有明显抬头趋势，应注意保持俯仰角，同时注意左右修正，保持航向。改出时保持总距位置中位，拉升降使无人直升机转入上仰，然后控制俯仰保持无人直升机水平飞行。整个过程切忌粗猛打杆。

学习任务 3　无人直升机进阶飞行

技能点 1　圆形航线

无人直升机的圆形航线与多旋翼圆形航线的飞行场地一致，但在飞行上有较大的差别。

动作要求

驾驶员操控无人直升机垂直上升，到达目视高度悬停，按照圆形轨迹飞行，要求机头指向与航向一致。飞行过程中高度一致，且沿圆形航线飞行不偏移。顺时针、逆时针都要练习。

操控要点

在飞行过程中油门中位，飞行保持高度在目视高度范围。保持前飞速度均匀，升降与方向互相协调，控制好机头指向方向过快会出现小圈，方向过慢无人直升机向前飞，航向难以对正。为了防止出现外侧滑，及时使用副翼向内修舵，必须始终关注机身状态，及时给出修正以保证航线规范。

技能点 2　水平 8 字航线

无人直升机完成左侧逆时针航线后继续向右飞行顺时针航线的运动称为水平 8 字航线。

动作要求

驾驶员操作无人直升机垂直起飞，飞行至高度大于 1.5m 小于 5m 对尾，进入中心桶悬停；沿 8 字航向开始飞行，飞行过程中保持高度偏移控制在 1m 范围，位置偏移不超过 0.5m，角速度偏差控制在 30° 以内飞行。

操控要点

在飞行过程中保持飞行速度均匀，飞行过程中控制好升降速度。保持切线速度不低于 0.3m/s，不高于 3m/s。保持机头指向与航向一致，及时修正偏差。油门控制在中位，保持高度无变化。控制航线左右位移，及时操控副翼修正航线位置。注意：左右切换时速度要保持均匀，在完成左圈方向回正后开始右圈飞行。

学习任务 4　无人直升机地面控制站飞行

知识点 1　无距地面控制站安装及介绍

地面控制站的选择要根据无人直升机使用的飞控确定，这里以沈阳无距科技公司研发的无距 Z 系列飞控系统的无人直升机作为介绍，它使用的地面控制站为无距地面控制站。

安装地面控制站步骤：

1）联系无距科技工程师获取地面控制站软件下载链接，或购买无距设备由其技术人员提供。

2）获取软件下载链接后根据安装提示操作。

3）安装完成后，桌面会出现图 4-1 所示的图标。

图 4-1　无距地面控制站图标

注意：地面控制站软件需要 Windows 7.0 及以上系统。

地面控制站介绍：打开地面控制站软件，进入首页页面，如图 4-2 所示。首页功能包含：连接列表显示、功能入口、更多操作。

连接列表显示通过 USB 连接的设备、使用数传模块连接的设备以及连接设备按钮。其中不连接设备按钮始终显示，单击即可选中。

图 4-2　无距地面控制站页面

功能入口包括飞行任务、工程模式、模拟飞行和数据回放,单击即可进入。选中不连接设备时,飞行任务、数据回放入口高亮,可使用。选中某个设备时,飞行任务、工程模式、模拟飞行入口高亮,可使用。进入首页时,默认不连接设备状态。

更多操作页面包括固件升级、关于。

固件升级:选中飞控后进行固件升级,跟随地面控制站弹出窗口指示进行操作。

关于:包括软件版本、固件版本、CPU 编号、CPU 原始编号、版权等信息。

飞行任务功能主要包括五部分内容,即无人直升机监控功能、指令上载功能、飞行任务规划功能、机载设备状态监控和管理功能以及航前检查功能,如图 4-3 所示。

飞行监控功能:提供对无人直升机姿态信息、飞行状态信息、飞行位置信息等的显示和交互。

指令上载功能:提供对无人直升机进行任务指令和即时执行的操控以达到控制、操作和管理飞机飞行的能力,同时设备指令上载提供对挂载设备的操作和管理。

飞行任务规划功能:主要包括对飞行任务的新建、编辑、上传和下载等。

机载设备状态监控和管理功能:提供对指定型号的挂载设备状态的显示和操作管理。

航前检查功能：提供飞行任务前对无人直升机状态的检查功能。

图 4-3　无距——飞行任务界面

1. 综合飞行仪表

飞行监控页面提供经过设计的优化的综合飞行仪表，友好、清晰且高效地向用户实时显示重要的飞机相关信息，如图 4-4 所示，其中主要包括以下信息。

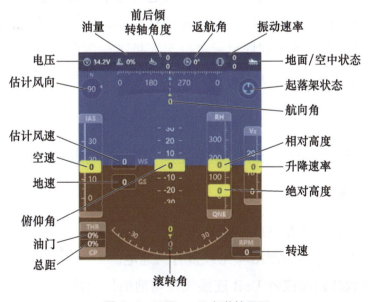

图 4-4　无距——飞行监控界面

飞机姿态信息：俯仰角、滚转角和航向角。
飞行速度信息：升降速率、空速、地速。
高度信息：相对高度、绝对高度。
动力信息：电压、油门、总距、转速、油量、前后倾转轴角度。
环境信息：估计风向、估计风速。
其他信息：地面/空中状态、返航角、振动速率、起落架状态。

2. 状态栏

飞行监控页面的状态栏的右侧部分同样提供部分飞机信息，依次为：主飞行状态信息、控制方式、GPS 信息、遥控器连接状态、飞机模态、飞控电压、地面控制站连接状态、高度可用性和位置可用性信息。

主飞行状态信息直接以文字显示；控制方式信息直接以文字显示；GPS 信息以图标实时显示当前 GPS 卫星数，鼠标移动到该图标上，则同时显示当前 GPS 卫星数、位置精度和速度精度。

遥控器连接状态显示遥控器信号是否接入系统的状态。

无人机模态可显示无人机处于多旋翼模态、多旋翼向固定翼转换模态、固定翼向多旋翼转换模态以及固定翼模态四种无人机模态。

地面控制站连接状态通过图形化语言进行标示，灰色连接，红色断开。

高度可用性和位置可用性通过图标进行显示，绿色可用，红色不可用。

飞行监控页面左下角同样显示部分无人机飞行信息，包括：飞行时长、飞行距离、无人机与应急点之间的实时距离，以及无人机与降落点之间的距离等。

知识点 2　无距地面控制站连接与航线规划

1. 连接设备

1）检查飞控及链路系统接线是否正确。

2）遥控器、地面控制站与无人直升机通电。

3）通过数传链路或者 USB 连接飞控与地面控制站。

4）检查飞控电压、飞机姿态解算信息，检查大气相关的气压计信息、高度信息、空速信息，检查 GPS 相关信息等。

5）检查载荷设备。

2. 航线规划

在无距地面控制站中可以通过两类方式生成任务航线。

1）导入已有的任务或区块并对其进行编辑。

2）新建任务。

对于生成和编辑好的任务地面控制站提供两种处置方式。

1）导出任务或地块以作为备份或者供稍后飞行。

2）上传任务到飞控。

地面控制站支持对无人直升机类无人机进行三种任务的规划，即：区块测绘任务、条带测绘任务以及航迹点任务。本节以新建任务的方式对上述三种任务的规划方式进行介绍，以导入的方式生成的任务方法，与新建任务的方式生成任务的方法相似。

3. 区块测绘任务

打开"新建任务"下拉菜单，选择"区块测绘任务"选项，地面控制站会显示以各个参数的默认值为参数值生成的默认区块测绘任务。其中的关键设置如下。

D 点：离场点，无人直升机起飞后首先飞向离场点，选中该点可以编辑该点相关属性。

L 点：降落点，无人直升机完成任务后飞向降落点降落，选中该点可以编辑该点相关属性，点击航点属性编辑区坐标图示可将降落点设置在无人直升机当前点。

E 点：应急点，用户可以通过右侧边栏的应急点添加任意个数的应急点，选中该点可以编辑该点相关属性。

蓝色框：测绘区块，即为用户需要进行测绘作业的区域，默认区域为四个边界点规定的任务区域，边界点可以任意拖动，同时点击两个边界点之间的加号可以在两个边界点之间添加新的边界点，双击边界点可以删除指定边界点，对地块的整体操作可以通过右侧边栏的"移动"功能进行，支持对整体地块的上下左右移动操作以及旋转操作。

红色航线：红色航线为规划生成的规划航线，修改任务参数或者拖动和修改。

任务航点都会实时重新进行规划生成新的规划航线。

4. 条带测绘任务

打开"新建任务"下拉菜单，选择"条带测绘任务"选项，地面控制站会显示以各个参数的默认值为参数值生成的默认部分任务点。其中的关键设置如下。

D 点：离场点，无人直升机起飞后首先飞向离场点，选中该点可以编辑该点相关属性。

L 点：降落点，无人直升机完成任务后飞向降落点降落，选中该点可以编辑该点相关属性，单击航点属性编辑区坐标图示可将降落点设置在无人直升机当前点。

E 点：应急点，用户可以通过右侧边栏的应急点添加任意个数的应急点，选中该点可以编辑该点相关属性。

蓝色点：条带测绘特征点，双击屏幕可以添加条带测绘特征点，单击两点之间的加号可以在两点之间添加条带测绘特征点，可以通过双击的方式删除指定的条带测绘特征点。

红色航线：红色航线为规划生成的规划航线，修改任务参数或者拖动和修改任务航点都会实时重新进行规划生成新的规划航线，选中该点可以编辑该点相关属性。

5. 航迹点任务

1）进入地面控制站单击飞行任务，单击"新建任务"，选择"航迹点任务"。

2）根据任务要求进行航线编辑。可以在图上双击屏幕直接加点，选中需要加入详细信息的目标点，在右侧修改信息。右下也可以进行批量设置。

3）可通过打开状态栏中的"导入"下拉菜单，选择导入任务或者区块，根据提示选择指定文件，导入后可通过"编辑"功能对导入内容进行编辑处理。

4）确定连接地面控制站与飞控时，单击编辑栏中的"上传任务"即可。

6. 上载

飞行任务界面通过多种飞行指令，允许用户脱离遥控器的束缚仅通过地面控制站操作上载指令控制无人直升机飞行。上载的指令主要分为三类：解锁/锁定指令、任务指令和即时指令。

（1）解锁/锁定指令

用户可通过飞行任务界面上方状态栏中的指令按键进行操作，锁定状态下可以通过单击解锁并拖动进度条进行解锁操作；反之，在解锁状态下可以通过单击锁定并拖动进度条进行锁定操作。

（2）任务指令

地面控制站提供六种任务指令，分别为：起飞、开始、自主、指点、降落和返航。

（3）即时指令

地面控制站提供八种即时指令，分别为：航点切换、临时航线、目标跟踪、悬停、盘旋、飞行修正、手动干预和迫降。

知识点 3　无距地面控制站飞行与应急处置

1. 地面控制站飞行

1）给遥控器、地面控制站、无人直升机通电。

2）连接地面控制站与无人直升机。

3）地面控制站编辑航线。

4）上传航线，开始任务飞行。

5）飞行过程中修改航点或航线信息，重新规划航线。

6）航线飞行结束返回降落。

2. 应急处置

1）GPS 通信异常、卫星信号异常。检查磁罗盘与 GPS 模块及飞控连接或者更换模块；检查是否 GPS 被遮挡，若频繁出现，请更换模块。

2）速度位置重置故障。建议终止任务，为安全考虑不建议继续自主飞行。

3）传感器故障。及时安全降落检查传感器，必要时更换传感器模块。

4）导航速度异常。检查无人直升机结构连接是否有松动情况，检查 GPS 模块磁罗盘是否有干扰，检查固定是否牢固。

5）超低电压警报。及时安全返航或降落检查电池电量及电芯情况，必要时更换新电池（如果检测到电池电芯异常，则此电池不应再使用）。

6）姿态超限故障。立即返航，检查电池电量，动力系统、空气舵面和机体结构，确认以上没有问题后，进一步结合当前自然环境评估是否继续飞行。

附录　课程评价表

附录 A　多旋翼无人机实操技术课程评价表

课程内容项目名称	多旋翼无人机飞行任务检查		执行情况
	内容	标准	
遥控器检查（20）	①开关档位（5）	拨杆开关全部复位，油门位于底部位置	
	②天线放置（5）	天线最大横截面积对着无人机（天线横置）	
	③电量显示（5）	80%电量以上	
	④通道设置（5）	美国手通道设置 AETR，微调归零	
无人机通电前检查（30）	①飞控系统（10）	飞控接收机通道连接正确，GPS 模块与机头朝向一致	
	②整体结构（10）	机臂卡扣紧固机臂，机身螺钉无脱落/松动，电机座水平，起落架完好无损	
	③动力系统（10）	电池总电压 25.0V 以上（6s），电池是否固定到位。螺旋桨与电动机转向适配	
无人机通电检查（25）	①通电顺序（10）	地面控制站→遥控器→无人机	
	②自检（5）	自检声音正常，LED 灯闪烁正常	
	③指南针校准（5）	校准动作是否标准	
	④急速机臂抖动（5）	急速正常无共振	
起飞后检查（15）	①飞机漂移情况（5）	GPS 工作正常，定点无漂移，响应精准	
	②机臂（5）	无明显异常抖动和共振	
	③打杆响应（5）	所有通道正常响应，无反向	
飞行结束后检查（10）	①电动机/电调（5）	检查电动机/电调发热情况	
	②整体结构（5）	起落架是否有开裂，螺钉是否有松动的现象	
总分（100）			

附录 B 固定翼无人机实操技术课程评价表

课程内容项目名称	固定翼无人机飞行任务检查		执行情况
	内容	标准	
飞行器检查（13）	①飞行器外观检查（3）	飞行器左右对称，重心位置合理，整体外观完整	
	②舵面及连接件检查（5）	连接件卡扣牢固，机身舵面及控制装置连接正确	
	③起飞降落平台检查（5）	起降场地平整，起降装置正常	
控制站检查（25）	①控制站电源、天线连接检查（10）	控制站遥控器电池电量充足，地面控制站数传图传正确连接	
	②控制站软件检查（10）	软件版本固件正确，正常连接无人机，检查控制通道是否正确	
	③预规划航线及航点检查（5）	检查预规划航线航点高度速度是否合理	
航电系统检查（25）	①飞控系统检查（10）	检查飞控套装部件连接是否正确	
	②卫星定位系统检查（5）	通电检查卫星定位情况，确保定位信号良好	
	③执行机构检查（10）	操控控制站，检查舵机、电动机执行机构响应是否正确	
动力装置检查（25）	①发动机油量/电池电量检查（10）	检查油量是否满足任务需要/电池电量是否充足	
	②发动机油料管路、外部松动检查/电动机控制装置及线路检查（10）	输油管路密闭/电动机电调连线正确	
	③发动机/电动机正反转检查（5）	所有通道正常响应，电动机转向正确	
着陆后检查（12）	①飞行器外观检查（2）	检查飞行器外观是否破损	
	②油量/电量检查（5）	检查飞行器剩余油量/电量	
	③下载飞行参数并检查（5）	下载任务所需数据，并对数据进行整理	
总分（100）			

附录 C 无人直升机实操技术课程评价表

课程内容 项目名称	无人直升机飞行任务检查		执行情况
	内容	标准	
机械结构检查（20）	整体外观检查（10）	检查机械部分外观是否完整，螺钉是否紧固	
	螺旋桨检查（5）	螺旋桨是否紧固，是否完好	
	重心位置检查（5）	检查机械结构是否合理，重心位置设置是否正确	
电子部分检查（30）	设备连接检查（10）	检查各部分连接是否正确，线材有无虚焊	
	设备指向检查（10）	检查写入的设备位置信息是否正确，IMU 指向与机头指向一致	
	舵机电动机检查（10）	检查电动机转向是否正确，舵机是否处于中位	
遥控器检查（20）	摇杆模式检查（10）	检查遥控器设置是否属于自己常用的摇杆模式	
	开关检查（5）	检查各开关键位是否复位，天线状态是否正确	
	油门位置检查（5）	通电前检查油门是否低位	
通电检查（20）	电量检查（5）	依次给设备供电，检查电池电量是否充足	
	响应检查（5）	检查电动机是否有异响，LED 指示灯是否正常	
	打杆测试（10）	打杆测试无人直升机各部件响应是否正确	
降落后检查（10）	降落上锁断电（3）	平稳降落，锁住无人直升机并断电	
	检查设备（5）	检查无人直升机外观是否完好，电子元件有无异常发热	
	整理设备（2）	将设备回收	
总分(100)			

参 考 文 献

［1］ 孙毅. 无人驾驶员航空知识手册 [M]. 北京：中国民航出版社，2014.

［2］ 韦加无人机教材编写委员会. 无人机操控应用技术 [M]. 北京：航空工业出版社，2021.

［3］ 钟伟雄，韦凤. 无人机概论 [M]. 北京：清华大学出版社，2019.